中国城市规划学会学术成果
“中国城乡规划实施理论与典型案例”系列丛书之三
丛 书 主 编：李锦生
丛书副主编：叶裕民

诗划乡村 成都
乡村规划实践

张　瑛　主　编
张　佳　曾九利　副主编

中国建筑工业出版社

图书在版编目（CIP）数据

诗划乡村：成都乡村规划实践 / 张瑛主编 . — 北京：中国建筑工业出版社，2017.10

（“中国城乡规划实施理论与典型案例”系列丛书之三）

ISBN 978-7-112-21381-8

Ⅰ．①诗… Ⅱ．①张… Ⅲ．①乡村规划－研究－江苏 Ⅳ．① TU982.297.11

中国版本图书馆 CIP 数据核字（2017）第 262349 号

责任编辑：毋婷娴 李 鸽

责任校对：王 瑞 芦欣甜

“中国城乡规划实施理论与典型案例”系列丛书之三

诗划乡村：成都乡村规划实践

张 瑛 主 编

张 佳 曾九利 副主编

*

中国建筑工业出版社出版、发行（北京海淀三里河路 9 号）

各地新华书店、建筑书店经销

北京方舟正佳图文设计有限公司制版

北京缤索印刷有限公司印刷

*

开本：787 × 1092 毫米 1/16 印张：7¾ 字数：144 千字

2018 年 1 月第一版 2018 年 1 月第一次印刷

定价：108.00 元

ISBN 978-7-112-21381-8

（31089）

编委会成员

课题承担单位：

成都市规划设计研究院

课题参加单位：

中国城市规划学会城乡规划实施学术委员会、成都市规划管理局、邛崃市规划管理局、崇州市规划管理局、彭州市规划管理局、郫县规划管理局、新津县规划管理局、蒲江县规划管理局

序

明年，我们将欢庆改革开放 40 年。

40 年来，我国由农业和乡村大国发展成为工业化和城市化的大国，经历了世界历史上规模最大、内容最丰富、受益人口最多的现代化进程。城乡规划始终对我国多区域、多层次的工业化和城市化起着重要的战略引领和空间支撑作用，并逐步积累了丰富多彩的实践，形成了具有特色的理论体系、法律法规体系、教育体系和人才体系。特别是在中国城乡规划实施领域，产生了大量的创新实践，描绘出绚烂的中国故事。

但是，随着我国进入经济、社会发展的新常态，城乡规划实施也面临着巨大挑战，特别是需要应对城乡规划需求、目标和思维模式的快速转型：规划实施如何应对由增量规划转向存量规划，由城市规划走向城乡规划，由技术理性转向协作式交往理性的重大转变？如何重构新时期城乡规划实施治理的基本理念、治理结构和体制机制？这些都是需要认真思考和深入研究的课题。

城乡规划是具有战略性的公共政策。根据政策过程理论，规划实施过程就是公共政策执行的过程。公共政策执行可能受到来自三方面的挑战：

第一，政策制订缺陷。糟糕的政策意味着政策执行可能的失败。这包括政策制订对政治形势判断失误，缺乏关注利益相关者的利益诉求，没有充分核算政策执行所需资源的可得性等等。为避免政策制订缺陷成为政策执行的障碍，要求在政策制定阶段就需要高度关注政策执行中可能产生的诸多问题。可以说，政策执行始于政策制订。

第二，政策过程的开放性和包容性不足。现代社会中，各利益相关者相互依赖、互相依存，这也增加了公共管理者执行政策的复杂性和脆弱性。如果政策制定过程中，利益相关者不能充分地参与博弈、表达诉求，那么政策执行时就可能会缺乏必要的行政或者政治的支持，或者自上而下地仅限于来自政策发起的高层级政府机构的支持。而事实上，基层政府和社会公众才是政策成功执行的关键，当他们对于被要求执行的政策缺乏了解，或者认为政策无法体现其自身利益时，就会以多种方式抵制政策执行，甚至会导致政策执行终止。

第三，政策执行能力不足。执行能力不足会导致操作困难，导致计划停留在纸面上。为了促进政策执行，必须要有相应能力的贮备和建设，其中包括人力、财力、制度的准备，以及确保政府间合作与一致性，回应社会群体对政策执行反馈的社会性能力等等。其中，来自政府间合作的挑战最为严峻，需要解决合作中可能产生的对部门权力的挑战、目标和手段的多部门冲突与妥协，以及如何共享信息和资源，如何联合行动等一系列艰难的问题。

城乡规划作为公共政策，其实施难题与政策执行挑战具有高度的一致性。

一个规划，可否得到顺利实施，并取得良好实施效果，首先取决于该规划的科学性与合理性，取决于规划是否充分考虑了规划实施过程中可能出现的一系列难题，并尽可能将其解决方案体现在规划中，这些难题包括“多规合一”、规划实施过程有效监督等。克服这些难题，首先要纠正规划编制结束，才开始实施规划的观念，实际上规划实施始于规划编制。

其次，规划有效实施取决于规划编制和实施过程中多方合作的广度与深度。在逐步走向包容和开放的规划制度下，如果建立了多元利益群体（包括多部门、多层级政府——特别是基层政府、企业和社会公众）透明化和规则化的合作博弈制度，那么，各利益群体可以在规划中达成更加持续、稳定的妥协，从而有利于促进规划实施；否则，则可能在规划实施过程中演变为激烈的利益冲突，成为阻碍规划实施的关键要素。

再次，规划实施过程中的人力、物力、财力准备和制度建构、多部门协调，都构成规划实施最重要的基础性保障。

改革开放以来，我国处于前所未有的快速发展和剧烈变化之中，理论研究长期滞后于实践发展的需要。规划实施与诸多领域的发展一样，许多地方的有效实践先于理论探索。为了满足地方规划实施对理论和前沿经验学习和研究的需要，我们中国城市规划学会城乡规划实施学术委员会，致力于总结地方规划实施的前沿经验，其学术成果以三个系列公开出版，已经出版的案例受到业内的广泛欢迎和热情鼓励。

一是专著系列，以专著的形式连续出版《中国城乡规划实施理论与典型案例》。专著以每年年会所在城市的成功案例为主，包括该时期典型的具有推广和参考价值的其他规划实施案例，对每个案例的背景、理论基础、实践过程进行深入解析，并提炼可供推广的经验。迄今为止，已经正式出版了三本专著《广州可实施性村庄规划编制探索》、《诗画乡村——成都乡村规划实施实践》、《绿道的理论与实践——以广东为例》。第四本深圳规划实施案例正在研究撰写过程中。我们会努力坚持，至少一年完成一个优秀案例总结，分享给读者。

二是《中国城乡规划实施研究——历届全国规划实施学术委员会成果集》，基于每年规划实施学术委员会全国征集论文，并通过专家评审，对严格筛选出来的论文集合出版，迄今为止已经于2014-2017年出版了4册。

三是《城市规划》杂志上开辟的《城乡规划实施》专栏。该专栏以定向邀请和投稿相结合，对典型案例进行学理或者法理的深入解析，向读者传递遇到同类问题的思考方式和解决问题的路径，成果形成论文。该专栏始于2016年1月，每季度第一期（每年的1、4、7、10月）正式发表，迄今为止，已经顺利刊登了7期。

感谢中国城市规划学会给予城乡规划实施学术委员会以发展的空间，特别是学会副理事长石楠教授对学委会的热情关注、学术指导和工作支持！感谢学委会各位委员坚持不懈的努力，才有我们 3 个系列案例研究成果的持续出版！感谢中国人民大学公共管理学院规划与管理系、广州市国土规划委、成都市规划局、深圳城市规划学会，这些单位分别承办了学委会第 1 ~ 4 届年会《中国城乡规划实施学术研讨会》，付出了大量的辛勤的劳动！感谢给学委会年会投稿和参加会议的同仁朋友们，你们对学委会的肯定，以及参与交流的热情是我们工作最大的动力！感谢多年来所有关心和支持学委会的领导、专家、规划师和各位朋友，希望我们分享的成果可以对大家有所帮助。

大家手里拿到的就是专著系列，请大家多提宝贵意见。对于规划实施学术委员会 3 个系列的案例成果，大家有任何意见，或者希望讨论的问题，可以随时联系秘书处，邮件地址为 imp@planning.org.cn。

2017 年 7 月 30 日

前言

“九天开出一成都”，天府之土，沃野千里。在因循自然的道家哲学的浸染下，成都的乡村沉淀了深厚的农耕文明。依水而建，傍林而居，近田而作，从古蜀文明到唐宋盛世再到新时代的城镇化，成都的乡村延续着传统而智慧的生产生活方式。

成都作为大城市带大农村的特大中心城市，在推进新型城镇化的进程中，乡村发展一直备受重视。成都的乡村规划实践主要有三大特征：一是强化统筹，包括城市建设与乡村发展的统筹，全域层面的乡村规划一盘棋统筹，以及跨行政界的成片连线次区域统筹；二是植根产业，空间规划与旅游规划、产业布局规划整合，强调产村相融；三是面向实施，规划编制整合了宏观中观微观的核心内容，建设实施创新性地制定乡村规划师制度，以及全方位自下而上的公众参与。

在十多年的探索和实践中，成都乡村经历了城乡统筹、灾后重建等发展阶段，在解决大量实际问题的过程中，积累了丰富的建设与管理经验，探索出了乡村发展的“成都模式”，对于全国乡村地区的发展建设，践行新型城镇化和“三生”统筹提供了有益的尝试。

目录

第一章　背景历程篇

第一章　背景历程篇

1.1 乡村是城乡统筹的重点

1.1.1 城乡一体化是成都城乡统筹的核心内涵

“九天开出一成都，万户千门入画图。草树云山如锦绣，秦川得及此间无。”在李白的诗词中，这“万户千门”的画图，除了百万人口的成都城，自然也包含了城外星罗棋布的村落。草树云山、风调雨顺的自然环境与都江堰灌区广袤的禾田，成就了历朝历代的粮仓，共同构成了天府之国城乡繁荣的基质，正所谓“水旱从人，不知饥馑，时无荒年”。

城乡关系在古代成都有着特殊的诠释。城乡一体的朴素思想自李冰治水起便在成都平原扎了根。因水而生的成都几经兴衰，但城名未改、城址未迁。城郭和乡村交融的空间关系、紧密的经济关联与文化关联造就了今日的成都。可以说，成都的郊野乡村始终伴随着这座古城的兴衰更替。

而这样的城乡关系，与成都平原的农耕文明密不可分。正如流沙河先生曾指出，农耕文明是成都平原最本质的文明特征。它是成都平原在长期农业生产中形成的适应本地生产、生活需要的文化集合。

当代的成都，作为一个人口大省的省会城市，是中国城镇化的重要承载地。在辖区面积 14334 平方公里的成都市域内，2015 年末的总人口达到了 1465.8 万人，城镇化率为 52.3%。自 2007 年获批为全国城乡统筹实验区以来，成都先行先试，不断探索创新，形成了享誉全国的“成都模式”。而“城乡一体化”是成都城乡统筹的核心内涵，其具体内涵为：“推进城乡一体化，坚持城乡一盘棋，建立城乡一体化规划体系，兼顾空间布局、产业发展规划、基础设施与社会事业建设、生态环境建设。”

图 1-1　标准化农村新型社区配套设施

1.1.2 乡村在城乡统筹背景下的发展

十多年来，成都的乡村在城乡统筹的大背景下，农业的规模化、都市化和景观化都有了显著的提升，农民收入有了结构性的变化和增长，村庄环境与公共配套设施日渐齐备。成都的新型城镇化路径在这一城乡统筹发展的进程中探索出了具有地方特色的可行之路。通过城乡统筹，实施“三个集中、六个一体化”，成都乡村地区基本形成了均等化的公共服务配套（图 1-1），建设管理逐步规范化，适宜的土地政策[1]以及乡村治理模式逐渐明晰，如形成了村公资金制度，建设用地增减挂钩的弹性调整制度等，为广大乡村地区的发展奠定了良好的基础。

1.2 成都乡村的优质资源

成都素有“天府之国”的美誉。千百年来，都江堰水利工程孕育了肥沃富饶的成都平原，奠定了农业发展的基础。师法自然的道家哲学，天人合一的栖居模式，形成了星罗棋布的川西林盘。

(1) 山水田林的自然本底

富饶美丽的川西平原，地形以平原和浅丘为主，三分山地，三分丘陵、四分平坝，“山、田、水、林”占市域面积的 80%，龙门山、龙泉山为屏障，田野为基底，水系为脉络，构成了成都乡村的基本生态骨架。

1　如建设用地增减挂钩，在一定行政单元内建设用地平衡，以适应村庄产业发展的需求。

图 1-2　精华灌区现状农村风貌

成都平原属于四川盆地盆底平原，西侧终年积雪的龙门山 - 邛崃山脉属于四川盆地边缘地区，以深丘和山地为主。由山地发源出多条河流，水利资源丰富，主要分属岷江、沱江两大长江一级支流流域，有岷江、沱江等 12 条干流及几十条支流，河流纵横，沟渠交错，河渠密如蛛网，自西北流向东南，至成都地势较低、地形较平坦的南部地区逐渐汇流。城乡发展一直延续着自都江堰水利工程修建以来的古水道脉络。平坦的地势给成都乡村的农业和交通商贸的发展提供了便利条件，在岷江水系流域与沱江水系流域形成了成都乡村最富饶的耕作区（图 1-2）。农田精华耕作区主要位于西部都江堰岷江水系周边，以及北部彭州湔江流域，占整个平原的 40%，是成都地区主要的粮油和蔬菜基地。依托良好的产业资源，逐渐形成以“蔬香大道”、“油菜花田”为特色的乡村大地景观区。

目前成都市域总体生态格局为“两山、两环、两网、六片”。“两山”为龙门山及龙泉山，是市域碳氧平衡的主要区域，作为成都乡村重要的生态腹地、绿色源泉。“两环”指绕城高速及第二绕城高速两侧的环城绿带，是城市与乡村发展空间的生态隔离区，有效控制城市区的规模，避免城市无序蔓延式生长，保护乡村生态环境。“两网”指水网和绿道网，连接城市与乡村区域形成线性生态要素。“六片”指市域六条城市发展走廊之间的六个生态功能区，防止走廊建设空间粘连式发展，保护成都乡村地区格局及城镇区的外部生态廊道，明晰了城乡发展空间的基本格局（图 1-3）。

（2）历史文化资源分布在广大镇村地区

成都历史悠久，文化源远流长，4500 年的文明史，2300 多年的建城史，为成都留下了丰富的文化积淀与弥足珍贵的历史文化遗产。现有历史文化资源种

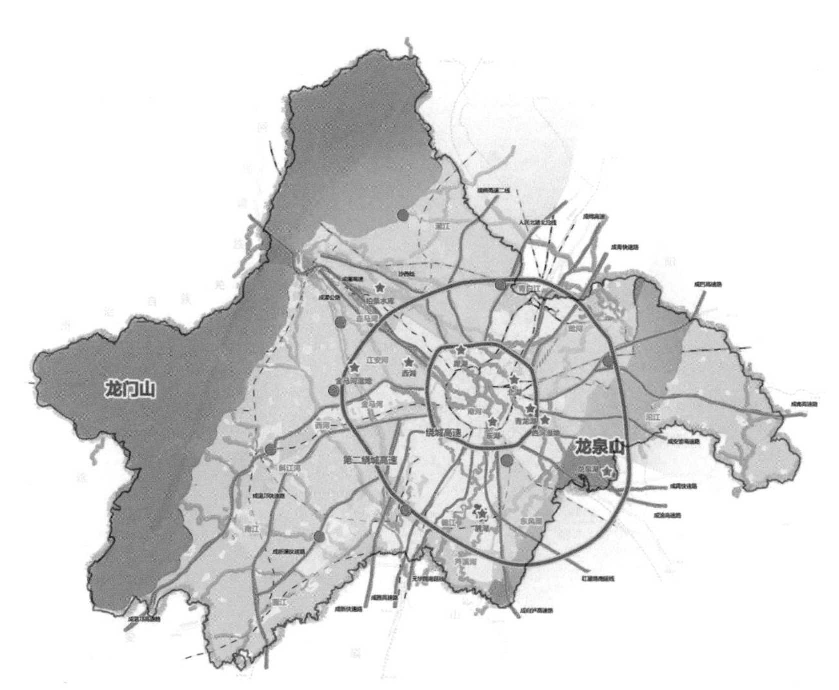

图 1-3　成都市域生态系统总体结构图

类多，数量多，年代跨度大。据史书记载 ，公元前 4 世纪，古蜀国王开明九世于广都樊乡（今成都市双流区）“徙治成都”，构筑城池，以“周太王从梁止岐，一年成邑，二年成集，三年成都”，故名成都，相沿至今。公元前 311 年，秦人按咸阳建制兴筑成都城垣。随着农业经济的发达及宗教文化的传播，逐渐兴起了向北的古蜀道，向南向西的茶马古道以及陆上南丝绸之路等文化廊道。作为中华文明的重要起源地和中国西南地区的政治经济文化中心，其发展历程、文化兴衰、历史文化遗产都具有相当的独特性，也为当今成都在快速发展中保留地方文化、保持城市特色，奠定了良好基础。

“天人合一、因水而生的农耕文明特征，丰物独特、贸易集散的工商文明特征，文化先驱、宗教起源的先导文明特征，兼收并蓄、活跃多元的复合文明特征”是成都四大文化特征，大量的历史文化遗存散布于成都广大乡村地区。

农耕文化是成都乡村地区的根，以川西林盘为代表，形成了成都平原独特的农村聚落形态。传统工商业文化在成都乡村地区沿丝绸之路、茶马古道、川陕道、川盐道等线索分布，展示出成都乡村地区古时工商业的昌盛，同时也是蜀绣、蜀盐、茶叶、漆器、造纸等传统工商业文化繁荣的重要历史遗产。川西民俗文化是展现成都川西特色的重要文化，其以川西民居、各种民间演艺、节庆活动等为代表。古蜀文化是成都平原的重要文化，也是中华文化的重要分支，乡村地区的古蜀文化遗址均与古蜀人迁徙路线密切相关，如三星堆、金沙遗址。

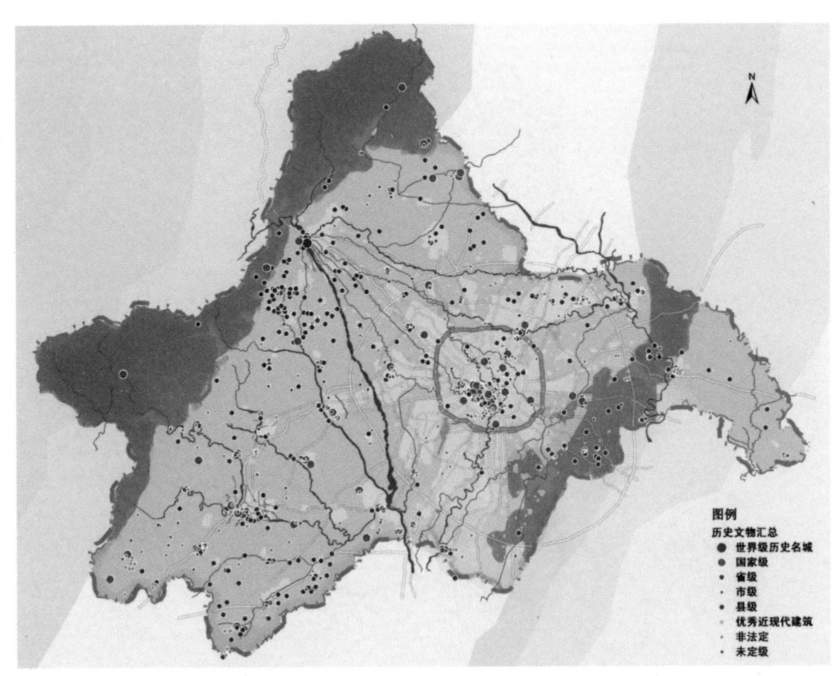

图 1-4 成都市域历史资源点分布图

通过综合分析成都全域文化资源点的年代、聚集度、等级分布规律，可以看出市域内历史文化名镇、名村历史资源点较多，位于广大镇村地区的县级文保单位占据总量的 38.33%，非法定和未定级的占总量的 34%。成都乡村地区的文化资源富集度较高，说明了成都地区自古以来城乡一体化特征比较明显，富足的文化资源为现代乡村的旅游发展提供了良好的支撑（图 1-4）。

（3）良好农业产业基础是乡村发展的前提

成都全市适合农、林、牧利用的土壤面积达到土壤总面积的 98%以上，经过几千年的垦殖，成都的农田植被、园艺作物分布面积达 980 万亩，占植被总面积的 53%，加上“四旁”林木，人工植被面积占植被总面积的 70%以上。同时，垦殖率高，农田植被覆盖面积大。据土地详细结果表明，成都市农田植被总面积 888.92 万亩，占全市总面积的 47.9%，农作物品种较为齐全。由于作物自然生产力高、开发潜力大、抗灾能力强、生产稳定度高，已成为全省以至全国的重要粮油基地。成都市域农田主要分布在西部温江、郫县、都江堰、邛崃及蒲江等区县。

随着近几年现代农业与设施农业的发展，成都地区初步形成了第一圈层都市农业圈层，第二圈层近郊农业圈层，第三圈层远郊农业圈层。根据自然地理条件，因地制宜地形成中部平原优质高效农业区，西部邛崃山脉丘陵特色农业区，西部龙门山脉山地生态农业区，东部龙泉山脉丘陵特色农业区（图 1-5）。

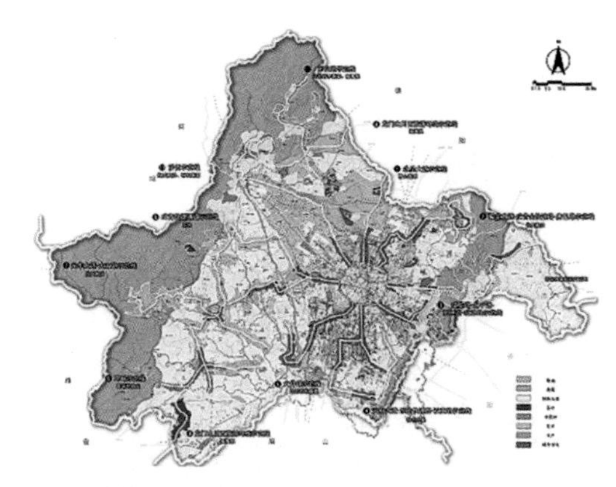

图 1-5　全域规模化产业布局规划图

（4）川西林盘是三生共融的最佳载体

不同于北方地区的村落形式，“林盘”是成都农村聚落形式的典型特征。这是川西传统的生活空间形态，以农居错落、院落自由布局为主的分散型分布特征，极富特色，带有强烈的田园风味，是一个个服务周边广大耕种地区的生活单元，在广阔的平原上星罗棋布，形成了川西平原上独特的“青山绿水抱林盘，大城小镇嵌田园”的整体空间形态。

林盘的形态来源于川西平原上农业生产与自然特征，是居住在这里的人们与自然和谐相处的表现。单个林盘的聚居规模从 50 户至 300 户不等，建筑根据地形条件自由布局，以一层或者两层建筑为主，建筑之间种植树林，是一个融生产、生态、生活于一体的复合单元。但是由于现代农业的生产方式发生了较大转变，尤其是农业规模化，原有的林盘单位模式受到大规模集中耕种的生产方式冲击，一些林盘逐渐变得空心化，新的聚居点建设打破了原有的聚落肌理，正一步步改变着川西平原的空间形态（图 1-6）。

目前成都已经完成的全域林盘保护规划，从 14 万个林盘中筛选出大中型林盘点 10563 个。其中林盘保护点 4985 个，占全市林盘总量的 4%，同时划分为聚居林盘保护点和非居住生态林盘保护点两种类型。一方面保护原生态的聚集空间，另一方面积极更新升级林盘业态，部分林盘已经从纯居住型向旅游型转变，形成了一批高标准的乡村度假为主导的林盘。

1.3 成都乡村发展历程

成都十多年来的乡村发展历程，主要经历了萌芽探索、灾后重建探索、复合发展等几个时期，大致可以分为三个阶段。

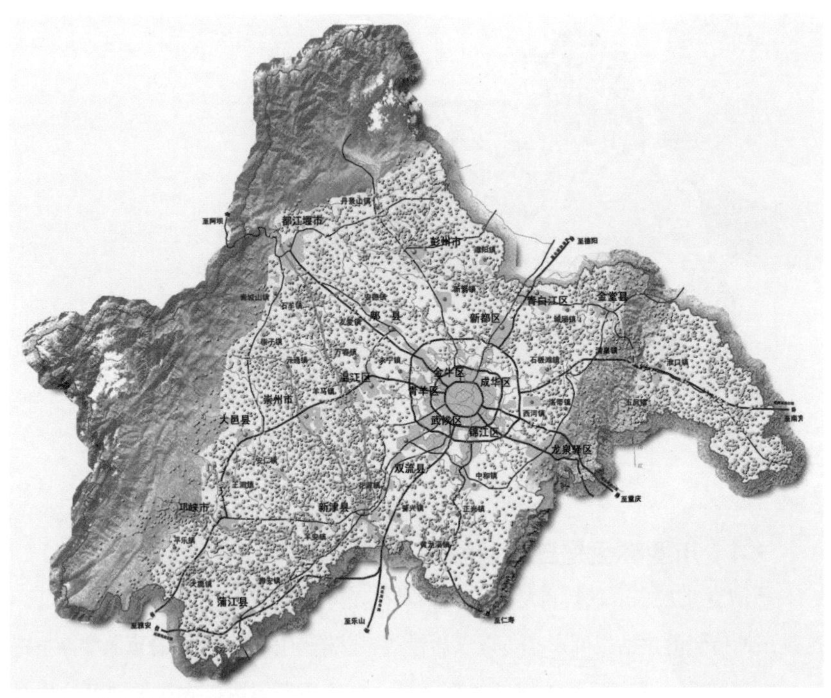

图 1-6 成都市域林盘分布图

1.3.1 第一阶段萌芽探索时期（2003~2007 年）

20 世纪末至 21 世纪初，虽然改革开放已有 20 多年，但乡村地区的发展仍然相对滞后，城市仍是经济发展的重点，城乡差距越来越大，从而形成了具有中国特色的城乡二元格局。日益优越的城市人居环境与日益恶化的乡村生态环境并存，集约先进、高效高产的城市产业与分散经营、生产效率低下的农业并存。成都在这样的大环境中，乡村地区仍然以小农经济模式为主，生产效率低下，镇村各自谋求发展，形成村村点火处处冒烟的大量乡镇企业，低效高能耗的工业对于乡村生态环境造成了很大影响。农村产业经济薄弱，农民主要收入依靠外出打工。

成都城市经济发展还在快速成长阶段，对于乡村的带动还远未达到东部地区能够以工促农的水平。但乡村地区借助于丰富的生态资源、突出的地域特色，以成都郫县地区的部分乡村为代表，自发组织并形成以“农家乐”为主的乡村旅游发展模式，迅速在广大成都地区乃至全国范围内起到了良好的社会及经济示范效应，也滋养出了以“五朵金花”为代表的第一代乡村旅游（图 1-7）。

从 2003 年开始，中央政府对城乡关系作出具有历史性转折的重大调整，确立统筹城乡发展的基本方略。在此期间，国家相继出台多个指导“三农”工作的中央 1 号文件，制定“工业反哺农业、城市支持农村”的基本方针，明确走

图 1-7 “五朵金花”为代表的都市近郊乡村旅游

中国特色农业现代化道路的基本方向。成都市委、市政府根据党的十六大精神，提出了“统筹城乡经济社会发展，推进城乡一体化”的发展战略思路，在以“三个集中”为核心的城乡统筹探索之下，经过四年实践，成都的乡村建设取得显著成效，并积累了大量经验。2007 年 6 月，成都市全国统筹城乡综合配套改革试验区获国务院正式批准，成为继上海浦东新区和天津滨海新区之后又一国家综合配套改革试验区，为进一步深化城乡统筹提供了环境。成都市就农村产权制度改革进行了大胆的探索，积极寻求通过制度创新，释放农村产权能量，解决农村土地要素合理流动，大幅度增加农民财产性收入。

1.3.2 第二阶段灾后重建探索时期（2008 ~ 2011 年）

2008~2011 年是灾后重建的 4 年，是成都乡村规划集中实践与提升的重要时期。2008 年 5 月 12 日，四川省汶川县及其周边地区发生特大地震，造成大量房屋倒塌、损毁。成都市范围内受汶川大地震影响，灾情较重的主要为靠近龙门山乡村地区，涉及约 65 万乡村人口。地震救援结束后，随之而来的是时间紧、任务重、涉及面广的乡村地区灾后重建工作。

在灾后重建工作中，成都市总结并提出包括发展性、相融性、多样性和共享性在内的“四性原则”，对解决城乡二元、三农问题，科学推进城乡一体化进程，构建新城乡结构具有推广意义。“四性原则”在鹿鸣河畔、兴义镇七子新型社区、向鹅乡等乡村灾后重建规划中得到大量实践与运用（图 1-8）。为进一步指导规划编制，成都市逐步出台了《城镇及村庄管理技术规定》、《社会主义新农村规划建设技术导则》等文件，形成了“规定 + 导则”为核心的技术规范体系。

2008 年初，成都市政府出台“一号文件”，在全国率先开展“确权颁证”行动。以“明晰产权、还权赋能”为特征的农村产权制度改革在试点中稳步推进，

图 1-8　灾后重建中形成的农村新型社区

图 1-9　乡村规划师培训大会

并迅速在全域成都推开。2010 年，成都针对乡村规划人才匮乏、管理薄弱等问题，在全国首创乡村规划师制度，并面向全国开展首批招聘活动，向各乡镇派驻乡村规划师。同时进一步明确乡村规划师定位和职责，落实乡村专项资金扶持，促进乡村规划师的“规范化”管理（图 1-9）。于 2011 年，在市级规划行政主管部门设置乡村规划管理处（简称“乡村处”），作为乡村规划师的归口管理部门，充分发挥其管理、协调、指导作用。在这段时期，乡村规划管理逐步强化，为乡村规划的实施提供进一步保障。

1.3.3 第三阶段复合发展时期（2012 年至今）

2012 年，成都市提出“四态合一”发展理念，通过“生态优城、业态兴城、文态活城、形态美城”等四态统筹、引领城市发展，系统提升城市发展的品质及内涵，开创全面深化融合的规划路径。在“四态合一”的发展理念下，为进一步加速产业倍增，提升城乡形态，展现生态美景，促进圈层融合，在充分考虑地区自然禀赋、产业特色和发展优势的基础上，成都市在全域范围内规划 11 条“一线一品”示范线，示范线依托乡村地区集中成片的农业风光和山形、水势、林盘等优势资源进行总体布局，利用多元化地形地貌，增强城乡景观的错落感和

图 1-10 郫县三道堰镇青杠树村

纵深感，初步探索示范线沿线区（县）、乡镇（街道）间的区域协调和整体联动，彰显巨大的经济效益、社会效益和生态效益。

同年，成都市乡村规划管理处提出推行关于乡村规划管理机制创新、编制成果创新、实施管理创新、规划实施成效的综合评优机制。该项评优机制旨在通过优秀乡村规划评选，进一步总结和提高统筹城乡规划建设经验，提升城乡规划编制水平，促进规划管理和规划编制的科学性、合理性，鼓励务实规划、勇于创新的工作作风，激励规划管理者和设计人员创作出更多高水平的城乡规划成果，助推成都市新型城镇化转型升级。

至 2014 年，我国已进入全面建成小康社会的决定性阶段，处于经济转型升级与城镇化深入发展的关键时期。2014 年，中共中央、国务院印发《国家新型城镇化规划（2014 ~ 2020）》，规划明确提出“新型城镇化”即是“人的城镇化”，要走一条有中国特色的新型城镇化道路。同时，在 2014 年的中央农村工作会议上首次提出“人的新农村”概念，要求加快改善人居环境，提高农民素质，推动“物的新农村”与“人的新农村”建设齐头并进，进一步体现出中央乃至国家对新村发展的更高要求。

同时，以中共成都市委十二届三次全会为标志，成都也进入转型升级发展的新局面，创新性地提出“小、组、微、生”规划理念，先后规划建成郫县三道堰镇青杠树村（图 1-10）、邛崃市高何镇寇家湾、邛崃冉义、郫县安德镇安龙村等大批“小组微生”新村，在全国范围内起到了良好的示范效应。

另一方面，成都市不断加深产业与空间的相互联动，形成依托规模化农业示范片区，整合区域资源，推进连片发展的模式。以“成片连线”发展理念，实现资源的有效调配和共享。在这一阶段，相继编制包括《成新蒲都市现代农业示范带建设总体规划》、《新都区北星统筹示范区新繁—斑竹园—马家片区实施规划》、《都江堰成片连线实施规划》等统筹区域规划。

至此，成都乡村规划工作形成“点状突破—连点串线—连线成片”的系统工作架构，也完成了乡村规划的基本理论积累与技术规范支撑。

第二章　发展理念篇

第二章　发展理念篇

生产、生活、生态“三生融合”发展，是乡村地区规划建设的终极目标。乡村规划建设其原理与城市规划有着本质的差异。在前期阶段，乡村规划建设也照搬城市化模式，出现诸多不适应性，在成都城镇化发展的各阶段中，成都不断纠偏，不断加深乡村发展认识，探索出适合地方的发展理念。总结起来，主要包括四性原则、小组微生、成片连线，持续保持乡村规划建设的科学性与前瞻性。

2.1 四性原则，灾后重建中的可持续理念

四性原则是在“5·12”汶川大地震灾后重建中所形成的乡村规划指导原则。汶川大地震给成都市经济社会发展和人民群众的生命财产造成巨大损失。面对全国乃至全世界的关注，成都数以万计的乡村面临着时间紧、任务重、涉及面广的重建需求。为避免出现简单复制、照搬城市小区建设模式等问题，成都市总结提炼出“发展性、相融性、多样性和共享性”四大原则作为灾后农村规划建设指导方针，提倡当地产业和经济要素结合的发展性，周边环境和生产生活方式的相融性，空间布局和建筑形态的多样性，基础设施和公共配套的共享性，从而全面提升乡村地区生产、生活、生态的融合发展。“四性”原则在受灾乡村地区的应用取得了较好的效果，并在市域范围内得到逐步推广。

2.1.1 发展性

地震之后，乡村生产生活空间被彻底颠覆，由于地质灾害原因，需要在短期内重构生活空间，引导广大灾区顺利恢复生产生活秩序。乡村重建除了要解决重建村居等紧迫问题，还需要思考长久的生活生产可持续问题。由于大部分乡村

资源优势不突出，许多新村选址本身难以解决产业发展动力问题。发展性要求将产业支撑作为乡村规划和建设的重点内容，通过强化产业支撑，为乡村发展提供长久的动力。新村规划建设尽可能选择交通便捷、有利于产业发展的区域；同时，合理安排新村聚居点与农业生产地的距离，方便农民生产生活。

首先是利用当地资源，发展特色产业。新村应尽可能靠近当地优势资源，如自然山水资源，便于发展乡村旅游，围绕农业产业化项目进行布局，可以提供就业岗位，依托产业资源优势恢复生产。二是统筹产业布局，促进产业协作。由于农村资源相似度较高，容易形成简单复制和同质竞争，在农村产业规划中应充分考虑市场需求与区域协调，确定产业类型，规划产业分区，并预留产业发展用地，为农村经济提供发展空间。三是强化产业策划，推动项目实施。在规划中加强产业策划，农业部门在全市范围内调动项目资源，吸引社会资金投资带动。同时，鼓励多元化的合作方式、多样化的金融工具介入产业化项目，引导产业项目实施与落地。

2.1.2 相融性

为确保灾后重建后的新村安全以及体现乡村风貌，相融性意在让新村注重与周边环境和地形地貌相适宜，注重顺应自然、显山露水，延续乡村原有传统肌理及空间格局。

一是与资源承载力适应。新村规划注重精细化的用地适宜性评价，加强环境影响评估，以工程地质条件和资源环境承载能力评价作为城乡布局、人口分布、产业布局的前置条件，使规划更加科学合理。二是与自然环境相融。新村规划应尽量保持原有自然的地形地貌，不劈山、不砍树、不填池塘、不改河道、不盲目改路、不肆意拓宽村道，道路与建筑的布局宜顺应河道、山丘等自然地形的走势。同时，应注重显山露水，控制建筑体量、退让河道、错落布局，避免与山体、自然景观不协调。三是与社会人文相融。一方面新村规划在布局中，尊重农村生活习惯，规划预留承载丰富社会活动的公共空间，进一步促进乡村的社会交往。另一方面，不破坏村庄肌理、不拆乡土建筑、不破坏传统风貌，进一步挖掘地方文化内涵，在建筑风貌和田园风貌的展示上与地域文化特色相协调，构建与当地社会人文相融的乡村形态。

2.1.3 多样性

灾后重建中需要在短时间内建设大量的新型社区，对于建筑风貌的选取成

图 2-1 重建时期体现多样性的新村风貌

为设计难题，前期由于缺乏统筹形成了千篇一律的建筑风貌，或者由于为了多样而简单生硬的用色彩以区别（图 2-1）。多样性即是针对这一问题而提出，避免将城市小区简单克隆到乡村，充分体现乡村建设发展的多样性。成都广大的乡村地区丰富多样的自然条件、地域文化为多样性的建筑风貌提供了丰富的养分，建筑设计在充分梳理自然、文化等资源的基础上，在规划布局、环境营造以及建筑形态、材质、色彩等方面，充分体现乡村建设的多样性。

布局上，依据山区、丘区和坝区的不同特征，因地制宜地规划布置大、中、小聚居点相结合的农村聚居格局。农村聚落形成集中式、带状和组团式等多种模式，院落形成围合式、半围合式和自由式多种形态，进一步突出聚居方式的多样性。在环境营造方面，保留现有坡坎、农田、河流、湖塘、道路、林盘、沟渠等自然要素，依托古树、古桥、古庙、古塔、古井、古祠堂等文化要素进行景观打造，突出地域的多样性。建筑设计上，结合地势形成高低错落、前后进退的组团式或自由式形态，在不同地域条件的基础上强化建筑的多样性。在材质方面，结合当地资源，优先选择地方材料。同时，通过对建筑屋顶、墙面、墙裙、门窗、栏杆等部件外饰材料的合理搭配，体现建筑、景观的多样性。

2.1.4 共享性

在成都开展城乡统筹以来，基本已完成配套均等化，农村新型社区按照

图 2-2 新型社区服务设施

"1+11"的配套标准，大量的新型社区建设均配置了完善的生活服务设施（图 2-2）。但是均等化的配套造成各社区配套设施使用效率不高，配套设施重复等问题。靠近城镇的新型社区主要依托城镇配套，自有配套使用效率低下，造成了一定程度的浪费现象。共享性的原则要求推动城市基础设施向农村延伸，推动城市社会服务向农村覆盖，强调公共服务设施和基础设施的均衡配置。主要包括以下几点。

坚持"系统统筹"。一方面在各层次的城乡总体规划和各类别的专项规划中进一步加强对公共服务设施的统筹安排，优化整体布局，逐步建立全域覆盖、功能齐全、布局合理、管理有效的公共服务和社会管理体系。另一方面，坚持统筹推进、政府主导、市场运作，整合各部门的资源，配套建设公共服务设施。

坚持"设施共享"。进一步突出因地制宜、功能复合，按照集约节约利用土地的要求，充分结合当地实际，进一步整合现有资源，实现公共服务功能的综合集成（图 2-3）。

坚持"弹性配置"。按照公共服务配套设施属性和市场特征的不同，设定最低的配置标准。同时结合具体实际情况按需配置。创新农民集中居住区公共服务设施配置"1+8+N"标准，即 1 个 300 户以上规模的农民集中居住区原则上配置小区综合服务管理工作站，幼儿园、卫生计生服务站、全民健身设施、综合文化活动室、污水处理设施及排水配套管网、垃圾收集房、公厕等 8 项公共服务和管理设施，根据入住群众意愿再因地制宜配置其他弹性公共服务设施。

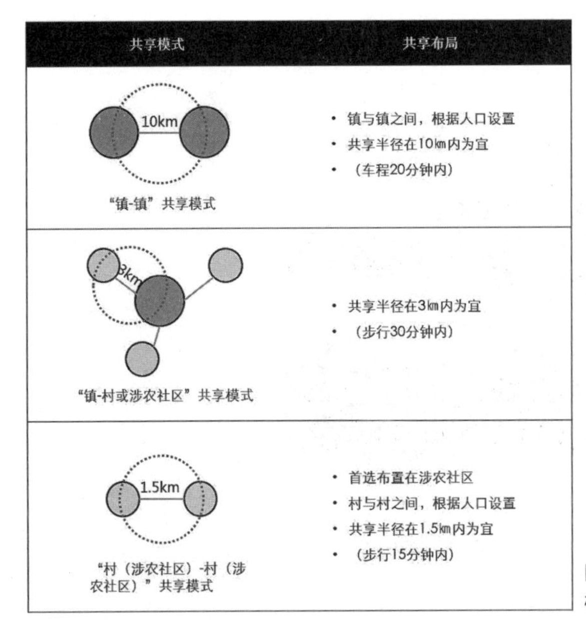

图 2-3　配套服务设施的共享模式

2.2 小组微生，林盘聚居的现代演绎

"林盘"是广袤川西平原上农耕文明的缩影，依水而建、筑林而居、近田而作是川西农民传统而智慧的生产生活方式。在土地整理政策下，有些地区新建的农村聚居点，由于规模过大，或者层数过高，造成似镇非镇，似村非村的聚居形态，失去了川西平原上原有的自然与人工协调的田园景观。"小组微生"是为了在乡村建设中，保护并传承原有的川西林盘景观，其核心内容为"小规模聚居"、"组团式布局"、"微田园风光"、"生态化建设"。

2.2.1 小规模聚居

针对大量新村规模庞大、破坏乡村原生风貌等问题，在农村新型社区的规划建设中，应对其建设规模进行合理控制，实现延续传统聚居形态，与乡村风貌相协调的目标（图 2-4）。

一是坚持安全、经济、生态的选址原则。安全、经济、生态的选址是小规模聚居的前置条件。新村规划应避让多类灾害隐患区及自然生态保护区，宜依托自然水塘、渠系和现有林盘，选址交通、产业资源良好的地段。

二是坚持集约用地，控制新村规模。为防止新村无序蔓延，规划应在维持

图 2-4　邛崃周河扁小规模聚居农村社区

乡村聚落的传统邻里空间尺度的前提下，明确单个农村新型社区的建设规模以100 户至 300 户为宜，各内部组团在 20 至 30 户左右。针对新建、改、扩建不同类型新村以及坝区、丘区、山区不同实际情况，按照因地制宜、集约用地的原则来综合确定人均综合建设用地指标。

三是坚持配套设施按需设置，区域共享。农村新型社区公服配套设施应在满足相关配套规范标准的基础上，按照因地制宜、按需设置、区域共享的原则进行配套，避免浪费和重复建设。可结合不同的农村新型社区职能分类增加衍生的配套设施，如旅游型社区应结合社区能级和流量，增配旅游集散中心、停车场等设施。

2.2.2 组团式布局

组团式布局是考虑农民合理的生产、生活半径而提出的布局模式。新村规划既应统筹兼顾农民生产半径，满足农民实际生产需要，同时也应符合农村生活习惯，促进邻里关系的维护（图 2-5）。

因地制宜，合理选择组团类型。农村新型社区布局应充分利用林盘、水系、山林及农田等外部环境，因地制宜，避免行列式、过度图案化的布局形式，合理灵活地布局新村组团。如团状组团布局适用于规模适中或规模较大、地形平坦的农村新型社区；带状组团适用于沿河流或山谷分布、规模较小的农村新型社区；树枝状组团适用于山区或浅丘地带，地形相对复杂的地区。使得组团间紧密联系，又各具特色。为满足社区外部环境的生态性和景观性需求，组团间应留有足够的生态距离（图 2-5）。

图 2-5 郫县青冈树村新型组团式布局形态

图 2-6 寇家湾村房前屋后微田园景观

彰显特色，多样布置建筑形式。为进一步呈现组团建设与自然和谐相融的乡村风貌，新建建筑应严格控制道路退距，并逐步改善现状夹道建设情况。同时，建筑布局可采取围合、半围合、自由式等方式，形成多样化的空间形态，满足村民日常的交往需求。

2.2.3 微田园风光

如何集约有效地利用农村土地，突出有别于城市的风貌特色，是新村建设必须认真思考的现实问题。"微田园风光"的规划要求让"小菜园"、"小果园"、"小桑园"深入新村内部，留住乡愁记忆，彰显院田相连的大地景观，乡土特色的新村风貌（图 2-6）。

一是充分展现大地景观。为维持乡村田园风貌，组团间绿化应保留原有农田、

图 2-7　协调自然环境的建设尺度

树木，新增绿化宜选用乡土作物，展现乡野田园风光。山区、丘区宜保留梯田景观，坝区宜保留田园肌理。

二是营造乡土的庭院景观。应充分利用庭院空间打造乡土景观，因地、因时种植，打造房前屋后“瓜果梨桃、鸟语花香”的微田园风光。宜选取乡土作物、花竹果蔬等，避免城市化、人工化景观。庭院铺装宜就地取材，宜采用石板、砖、卵石等原生态材料。

三是彰显文化，留住乡愁。除文物古迹外，在新村规划中还应保留并利用林盘、古桥、古树、老井、老磨坊等承载乡村乡愁记忆的物质载体，规划预留公共空间以传承村落内的传统节庆与民俗活动等非物质文化，以彰显天府文化，留住川西乡愁。

2.2.4 生态化建设

广大乡村地区是保障市域生态安全、提升生态环境质量、展现成都文化魅力和建设新型城乡形态的基本区域，因此新村的规划建设应坚持生态化建设的原则，实现新村的可持续发展。

维育生态格局。农村新型社区建设应尊重自然，保护山体、水体等重要生态要素，保持原有河流、林地等生态廊道不被破坏，采用适应环境的嵌入型设计，使农村新型社区的规划布局与林盘、山体、水体等生态要素有机融合（图 2-7）。

景观生态化。道路两边植物宜结合山势、地形、河流、湖泊景观成组成团进行栽植，不宜以成行成列的行道树方式进行栽植。乔灌木选择应尽量保留原生树种，新植树木宜选取本地树种、免维护树种，应尽量保留现有高大乔木。

低影响开发。充分利用自然水生态敏感区域排放雨水，在场地设计时宜采用下凹式绿地、透水铺装、植草沟等低影响开发技术，考虑超标雨水的收集与利用。

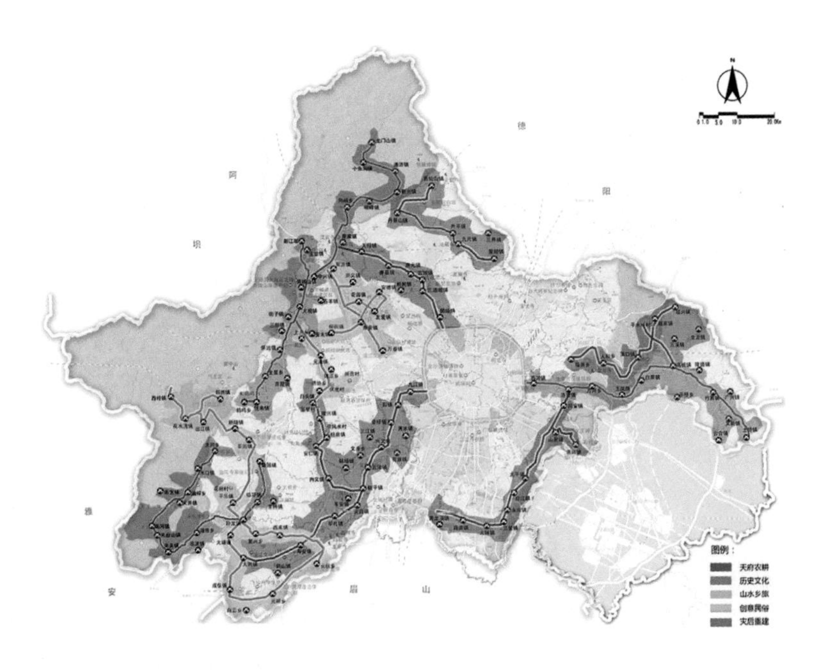

图 2-8　“成片连线”精品示范带

2.3 成片连线，区域协同下的集群化发展

成片连线是在经历了前期 “三个集中”、“四性原则”、“小组微生” 等发展阶段后，从关注新农村聚居点的建设到关注区域协同、规模化发展及品牌打造。在成都已经积累了乡村规划实践经验与具备完善的相关技术积淀的基础上，助推乡村地区的规划建设，逐步形成从 “点状突破” 到 “连点串线”，再到 “连线成片” 的整体发展思路（图 2-8）。

“成片连线” 是指对 “地缘相邻、业缘相亲、资源相近” 的镇村进行整体规划，实现镇村资源的有效调配和共享，在空间上表现为以主要交通路径为依托，串联沿线资源，带动周边区域联动发展，是以点串线、以线带面、连片发展的镇村协同发展理念。 “成片连线” 核心在于整合区域内自然生态、产业、文化、区位交通等资源的基础之上，探索镇村长效发展机制，形成发展合力，提升造血功能，最终实现协同发展、特色发展、快速发展。

2.3.1 “成片连线” 的基本原则

（1）区域整合原则。打破行政边界，突出重点打造的场镇和村落，构建新型城镇群、村庄群为主体形态的示范线或示范区。统筹开发利用资源、统筹产业

图 2-9　沿走廊“成片连线”协同发展的次区域统筹

功能安排、统筹镇村风貌形态、统筹公共配套设施等，实现镇村重要资源的有效调配和共享，促进镇村集约发展和联动发展（图 2-9）。

（2）多规协调原则。协调“成片连线”规划与产业发展、土地利用、社会经济、生态保护，对各项规划协同编制、统筹推进，确保“多规合一”；协调产业发展规划、土地利用规划以及水利、交通、环境、公共服务等专项规划，协同研究乡村综合问题，建立多规协调的工作机制。

（3）“四态合一”原则。坚持以“可持续发展的业态”、“可永续自然的生态”、“可承续乡愁的文态”、“可存续更新的形态”为发展目标，在规划中充分体现“四态”在一定空间内的有机融合。

（4）“保、改、建”原则。更新和改造要遵循“保、改、建”的基本原则，保护优先、改造提升、宜建则建。保护具有重要保存价值的历史建筑、历史院落、历史街巷，保护反映传统风貌的构筑物、围墙、古井、古树名木、古宅、古院落等，留住历史，留住文化，留住乡愁。

（5）人口梯度转移原则。摸底区域内的人口现状和产业支撑，测算人均收入。考虑环境和资源的承载能力，考虑人口的梯度转移，引导过剩农村人口“进城－进场镇－进新型社区”，通过人口转移和梯次集中，优化资源配置，提高城镇化率，以实现“同步达小康”的目的。

（6）实施性原则。强调新农村规划的实施性，对重要的产业项目和基础设施项目，明确重点开发名录及建设时序安排，确保规划的落地性。并对投入成本进行核算，培养集体经济组织，引入社会资金，争取投资主体多元化，保证实施效果。

2.3.2 “成片连线”的主要内容

（1）产业发展集群化导向

在区域产业协同发展的前提下，提倡区域内产业应富有特色，明确产业发展主题，避免同质化竞争，并引导产业规模化与集群化发展，形成产业发展片区－产业基地－产业项目相结合的层级，在产业片区内形成一二三产深化互动的完整产业集群。产村单元应以产业基础为依据，可突破行政边界布局产业园区与村庄点位，更好地组织生产与生活关系。

（2）文化传承的资源整合

分类对区域内的历史文化资源进行梳理，包括名镇、名村、文保单位、历史建筑等经认定的历史文化遗产，还包括承载历史记忆的非文保单位的历史遗存及非物质文化遗产。在资源梳理的基础上，采取分类措施传承保护历史文化资源，将文化传承与城乡建设发展有机结合，实现历史文化资源保护的良性循环。

（3）生态管控的共建共保

在次区域内识别生态要素，以分级分类原则保育生态资源，跨区域形成连续完整的生态保护红线，严格管控市域总体生态格局，在总体生态格局的基础上，为山水田林等核心生态要素制定分类管控要求。

（4）风貌建设的整体协调

根据地理人文或者产业特色，确定片区内的整体建设风貌。在区域整体风貌协调基础上，从建筑色彩、材质、细部特征上体现特色，建筑形态宜因地制宜、依形就势。在各区域内，根据特色进行分段风貌界面展示，营造具有观赏性、步移景异的景观序列。景观节点的打造应富有特色并具有识别性，标识设施也应进行景观化改造。

（5）设施配套的共建共享

应对生产与生活设施分类提出建设标准，在对各级区域的配套供给需求分析的基础上，建议形成“镇－镇”、“镇－村”及“村－村”的各级共享模式。

（6）交通组织的区域联通

建设不少于一条主要通道串联“成片连线”区域，并以此为轴形成网状道路。

此外，应统一建设标准，利于跨区域衔接，可利用绿道等旅游通道串联起区域内旅游产业资源。

（7）工作机制的部门协同

在县级层面形成各部门参与的统筹协调机制，引领规划编制、安排项目有序实施，并研究形成完善的配套政策，在制度层面保障成片连线理念的操作性。

2.3.3 “成片连线”的实施层级

全域层面按照“全域成都”理念，以城镇群为主体形态推进新型城镇化，成都市编制了《全域村庄布局规划》，作为城镇体系规划的有利补充。科学确定全域农村人口预测与分配，明确村庄规模、布局和基本配套设施，形成“五大走廊”引导全域村庄“成片连线”发展。同步制定《成都市成片连线规划技术导则》，明确“成片连线”的规划控制要求，初步勾勒出多主题的精品示范带。由此，成都市新农村开始了“成片连线”的统筹布局，揭开了新的篇章。

跨区（市）县层面，实行跨区（市）县层面的“成片连线”。打破以新农村聚居点为单元编制规划的传统做法，以市域主要通道、大型基础设施和农业产业带为纽带，遵循生态相似、产业关联、空间连续的原则，在区域层面加强统筹。

跨乡镇层面，在同一区（市）县内部，在县域总体规划层面，从人口梯度转移、城镇组群构建、镇乡产业联动、基础设施与公共服务配套共享等方面进行系统优化完善。

跨村域层面，在镇村统筹规划和村规划及农村新型社区规划中，突破村域范畴，更注重镇村的一体化统筹发展，在“小组微生”的规划理念基础上，更加注重“产村相融”、“公众参与”、“社会治理”等内容。

第三章　管理机制篇

第三章　管理机制篇

多年来成都不断探索城乡规划实践，逐步实现城乡规划编制、实施、监督的满覆盖，形成一套符合成都实际的乡村规划管理新模式。提出了“强化两头、简化中间”的管理体制；首创乡村规划师制度，夯实基层规划管理力量，深入实践数年后取得了较好成效；完善资金保障机制，探索多渠道的资金来源，为乡村规划实施保驾护航；提出战略视角，以全域角度统筹编制乡村规划；构建乡村地区以产养研、以研促产的“产－学－研”协同创新机制。

3.1 优化管理流程：“强化两头、简化中间”

乡村地区的管理部门和层级繁多，乡村建设审批程序复杂，一定程度上降低了乡村地区的发展效率。成都在不断探索制度创新的过程中，形成了“强化两头、简化中间”的乡村规划管理体制。

“强化两头、简化中间”的规划管理体制是规划管理领域一场深刻的变革，是指强化规划编制和监督评估，简化并下放规划审批和实施工作程序。具体而言，强化两头，一头是指市级部门，加强在乡村规划理念、编制方法等方面的制度创新，以提升乡村规划的整体编制水平；一头是指乡村规划监督和实施，加强乡村地区的基层规划管理，完善乡村建设项目的评估奖励机制，发挥乡村群众的自主监督管理。简化中间，是指优化审批许可制度，多部门联动简化报建程序，提高工作效率。

图 3-1　管理规定导向下的城乡空间形态

3.1.1 强化市级指导

（1）加强理念创新

全面推进城乡一体化以来，在新农村建设不断推进的过程中，为促进全市在乡村规划管理和编制形成统一的思想认识方面，便于下一层级的乡村规划管理，建设富有乡土性、原生性的美丽幸福乡村，结合成都经历全国统筹城乡试验区发展、“5.12”和“4.20”两次地震科学恢复重建等经验，成都乡村规划理念不断提升，不断探索创新性的乡村规划理念，形成了“四性原则”“四态合一”“小组微生”“镇村统筹”“产村相融”和“成片连线”等多次规划理念的跃升，持续不断地解决乡村地区各个方面的问题，有针对性地指导在不同阶段、不同层面的乡村规划建设发展。

（2）统筹规划体系

高度重视规划编制，提高规划的科学性和可实施性。成都市乡村规划编制一方面强化战略规划的全面性和综合性，同时又注重规划的具体化和可实施性。总揽全局、联合编制、统筹布局、多轨协调、统筹布局、多规协调，统筹全域规划编制。乡村地区各领域、各部门、各层次的专项规划均会产生相应的空间诉求，需要规划、国土部门进行综合谋划、统一落地，通过统筹规划体系，强化市级部门的指导功能（图 3-1）。

（3）保障机构设置

市规划局设置乡村规划管理处，负责对农村地区规划的指导管理，乡村规划管理处的主要职责包括：负责制定一般镇（乡）、村规划编制办法，全市历史文化名村规划审查、报批工作。指导、协调区（市）县开展一般镇规划编制及审查工作；指导监督全市镇（乡）规划管理所建设和职能运行工作和全市乡村规划师归口管理工作等。

成都市规划管理局

成规办〔2016〕23号

成都市规划管理局关于确定
新农村规划优秀设计单位名单的通知

成都天府新区管委会规建局、各区（市）县规划局：

为充实乡村规划专家队伍，加强与高层次规划专家的沟通交流，更好地组织专家开展方案审查、奖励评审等活动，市规划局乡村处建立乡村规划专家库，将一批近年来活跃于乡村规划一线的的优秀大学教授、设计单位负责人和乡村规划师纳入其中。

附件：成都市新农村规划优秀设计单位名单

成都市规划管理局
2016年1月21日

— 1 —

新农村规划设计推荐单位名单

单　位	职 务	姓 名	联系电话
四川省城乡规划设计院	院长	樊晟	139081
成都市规划设计研究院	院长	曾九利	189807
中国建筑西南设计院	院长	李琦	138082
四川省建筑设计院	副总建筑师	何兵	130866
成都市建筑设计院	总建筑师师	刘民	135689
成都市西南交通大学设计研究院有限公司	规划系主任	赵炜	138080
成都市城镇规划设计研究院	董事长	洪家菊	139081
四川观晟建筑设计有限公司	总经理	张睿	138802
四川三众建筑设计有限公司	院长	郭峰	137080
四川省明杰建筑设计有限责任公司	所长	唐登红	135413
西南交大建筑设计院	建筑师	林荣	139819
北京中元建筑设计公司（成都分院）	副总建	傅伟	138080
四川中翰设计有限公司	建筑师	张野	139806
北京住建院（成都分院）	助理	徐广渝	159820
清华安地规划设计研究院	建筑专家	蒲建聿	137080
成都市规划院	总规划师	涂海峰	138800
四川省建筑设计院	景观专家	高静	
西南交大设计院	教授	钟毅	1390804
四川大学旅游学院	教授	刘旺	1388099
成都体育学院	博士	杨强	

图 3-2　优秀设计单位文件、名单

同时设置城乡规划督查处，对含农村地区的总体规划的编制和执行情况进行督查。

（4）整合智库资源

通过多年来的乡村规划实践经验，成都市逐渐成长了一批乡村规划人才精英。市规划局建立标准化专家库和研究所，通过规模效应最大化地发挥乡村规划专家的力量，集脑力精英谋划成都未来美丽乡村。

一是搭建市级统一的专家咨询、审查平台。从“5·12”和“4·20”两次灾后重建规划设计大会战和乡村规划设计方案评优的编制单位中，筛选出20家优秀的设计单位，建立优质规划设计单位资源库和乡村规划专家库。

二是在其下属部门成立乡村规划研究所，并依托在蓉高校、规划设计机构组建乡村建设规划智囊团，开展本土田园建筑、集体土地入市的乡村建设规划管理机制、乡村旅游发展研判与规划应对等课题研究（图3-2）。

3.1.2 强化基层实施

（1）强化基层管理力量

面对成都乡村地区规划建设人才匮乏、标准缺失、脱离乡情、管理薄弱等突出问题，各区（市）县规划管理局下设乡村规划管理科，形成了有效的基层规

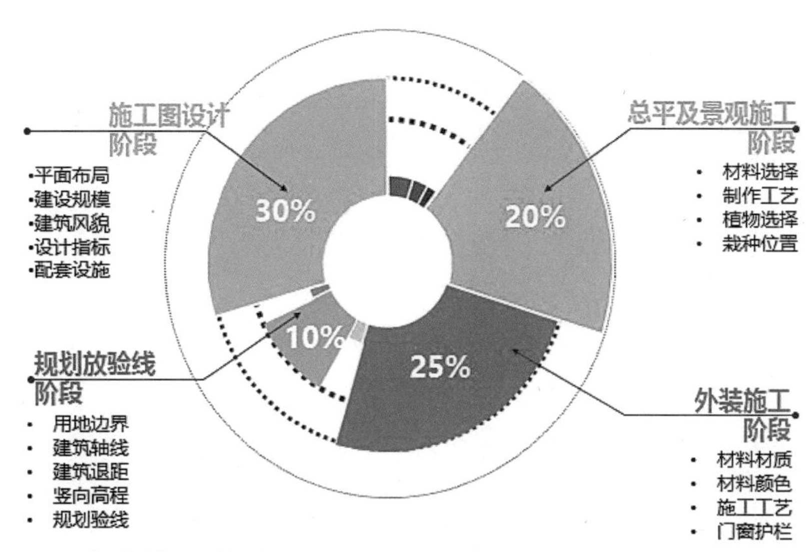

图 3-3　“四核查”各环节示意图

划管理体系，专职从事乡村规划管理工作的在全市 15 个区（市）县中共有 46 人。

在市域范围内，按片区设置乡村规划管理所，对全市乡村从事具体规划管理工作，总计 33 个，共配备 112 人。

（2）强化实施管理机制

为着重解决规划实施过程中的“一不高、两脱节”，即规划编制水平不高，方案图与施工图脱节，施工图与实施效果脱节的问题，成都市探索“四核查一核实”的实施管理制度，对规划实施的全过程予以监督。

“四核查”，是指核查方案转化施工图环节，核查总平防线环节，核查外装饰样板确认环节，核查景观实施环节，确保实施效果不走样。“一核实”，即多部门并联验收，核实项目布局、配套、形态、风貌等方面，对地块位置、用地范围、用地面积、建筑高度、建筑风格、公共服务配套等方面予以管控（图 3-3）。

（3）强化村民公众参与

成都市致力于发挥群众作用，加强村民在乡村规划与建设过程中的公众参与，结合“四大基础工程”（基层治理、产权制度改革、土地综合整治、村级公共服务和社会管理改革），成都市探索乡村规划监督基层治理方式，创新性地出台了《成都市农村新型社区规划群众参与制度》，提出了群众参与的“四大机制”，即意见征询机制、参与决策机制、民主监督机制和社会管理机制（图 3-4）。

村民参与意见征询和决策，探索建立“农村新型社区基层治理机制”，以

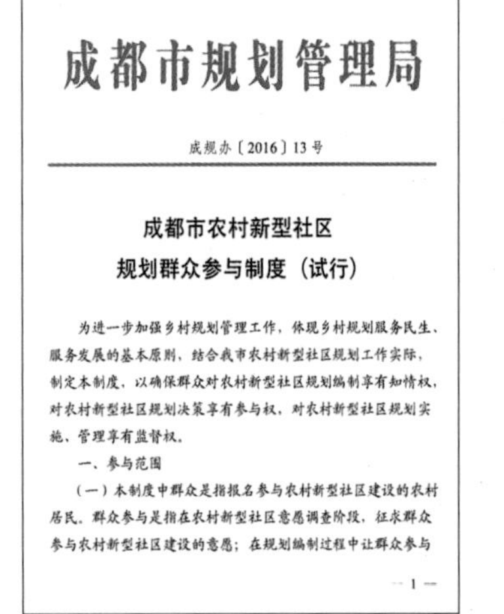

成都市规划管理局

成规办〔2016〕13号

成都市农村新型社区
规划群众参与制度（试行）

为进一步加强乡村规划管理工作，体现乡村规划服务民生、服务发展的基本原则，结合我市农村新型社区规划工作实际，制定本制度，以确保群众对农村新型社区规划编制享有知情权，对农村新型社区规划决策享有参与权，对农村新型社区规划实施、管理享有监督权。

一、参与范围

（一）本制度中群众是指报名参与农村新型社区建设的农村居民。群众参与是指在农村新型社区意愿调查阶段，征求群众参与农村新型社区建设的意愿；在规划编制过程中让群众参与

— 1 —

图 3-4 成都市农村新型社区规划群众参与制度（试行）

图 3-5 各区（市）县集体建设用地规划建设管理办法

发挥村民代表大会、议事会和监督委员会的“三会”职能，让群众积极参与乡村规划与建设各个阶段。同时村民参与监督和管理，在规划设计期公示规划平面和户型图，在建设施工期邀请报名群众监督工程，在竣工验收期选出群众代表参与并联核实，在建成管理期出台“乡规民约”自我监督，通过这四阶段的公众参与，实现全过程的监管督查。

3.1.3 简化中间流程

对于区市县政府、区市县规划局、镇长、村长等庞杂的中间管理层级，结合成都实际，进行相应程序简化，缩短乡村规划编制审批时间和实施建设时间，提高工作效率。

（1）优化乡村许可证发放程序

区市县规划管理部门完善了乡村建设用地许可证发放流程，针对农村村民住宅、农村产业项目、乡村公共设施、公益事业项目这四类项目分别制定了乡村建设规划许可流程，明确了办理时限，提高了办证效率（图 3-5，图 3-6）。

（2）多部门联动简化报建程序

成都市级部门正在努力探索乡村综合所制度，在镇（乡）层面展开实践。期望将镇（乡）国土、规划、建设、房管、环保等政府职责纳入综合所统一管理，简化办事流程，提高工作效率，同时探索在规划许可流程上国土、规划、建设、消防、房管、发改等多部门的联动机制。

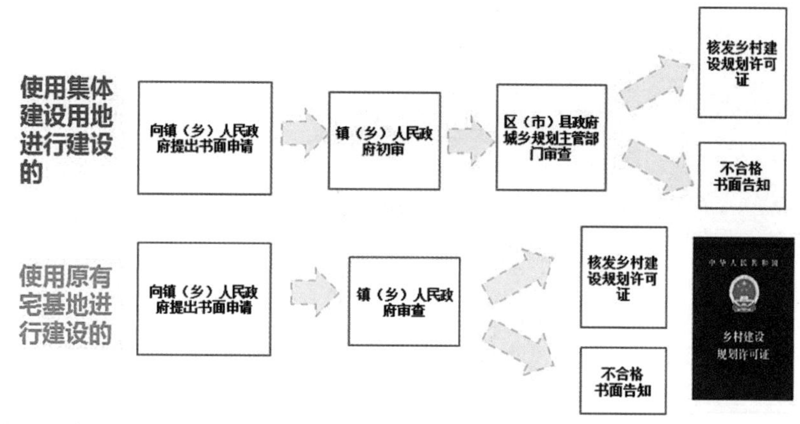

图 3-6 乡村规划许可证发放程序

3.2 细化管控内容：“规定导则，刚柔并济”

为了实现规划表达方式的规范性，规划编制的合理科学性，切实指导乡村建设与发展，自 2010 年起，成都市便开始系统梳理适合成都地区农村规划建设的标准及其他技术文件，已经基本形成了从编制到建设的基础体系（图 3-7）。

随着乡村规划实践探索的不断深入，为整合多年来探索的规划理念，落实理念指导，市规划局通过规定与导则的出台，致力于将理念转化为具有纲领性和指导性的村庄规划编制及管理技术标准。重点围绕乡村地区生态稳定、产业提升、特色塑造、形态丰富、文化传承、体现乡愁等方面进行总结提炼，构建“规定 + 地方标准 + 导则”的技术标准体系。

3.2.1 一规定刚性管控

借鉴成都中心城管理技术规定的管理逻辑，成都市制定了《成都市城镇及村庄规划管理技术规定》，结合城镇体系规划确定的“中心城 - 卫星城 - 区域中心城 - 小城市 - 小城镇 - 农村新型社区”城镇体系结构，明确了建设用地规划管理、建筑形态管理、公共服务设施配套标准、道路交通及停车场管理、基础设施配置等刚性的配套要求与建设标准，以达到城镇职能分工、分层带动的目的。

小城镇刚性指标主要包括小城镇的用地兼容性与混合度、建设强度分区、高度限制、配建设施最小规模。小城镇用地兼容比例相较城区更高，建筑高度规定以低层、多层建筑为主，建筑高度不应超过 7 层，建筑最大连续展开面宽投影不得大于 40 米等规定，以塑造小城镇人性化的空间尺度。

针对农村新型社区主要明确了选址要求、用地标准、建筑高度及风貌、退界、

图3-7 《成都市城镇及村庄技术管理规定》等一系列规定和导则

公服配套、道路宽度等建设要求，以节约农村建设用地，塑造农村地区乡土化的文化景观特征。

3.2.2 两办法规范内容

《成都市镇（乡）总体规划编制办法》，明确了镇（乡）总体规划的编制内容、要求和审批流程明确了镇（乡）总体规划要包括规划区范围、镇（乡）域内应该控制开发的地域、建设用地、基础设施和公共服务设施、历史文化遗产保护、环境景观与生态环境保护及建设目标和防灾工程等强制性内容，规范了镇（乡）域城乡用地分类，对镇（乡）规划的先进理念予以推广，并对编制成果，文本、图纸及附件的内容提出了详细的要求。

《成都市村庄规划编制办法》明确了村庄编制的主要内容包括规划范围，包含农村新型社区、散居点、产业用地和生态用地。村庄规划主要内容需包含产业发展规划，历史文化和环境景观资源保护规划，用地布局规划，公共服务设施规划，风貌和综合环境整治规划，交通、市政和综合防灾规划，农村新型社区的选址与规模。农村新型社区规划应包括现状资源评价、总平面布置、建筑及环境设计、道路交通及市政工程设计、投资估算。

3.2.3 多导则弹性引导

（1）《成都市社会主义新农村建设技术导则》

围绕统筹城乡综合配套改革实验区建设，以农业发展产业化、乡村建设集约化、农村生活现代化为规划目标，遵循发展性、相融性、多样性、共享性的“四性”原则和生态、业态、形态、文态“四态合一”的规划理念，成都涌现出一批展现现代新农村风貌的聚居点。2012年，成都市规划管理局和成都市建设委员会又针对特色塑造、文化传承开展了专题研究，并结合小规模、组团化、生态型提出了农村新型社区的聚集度问题、农村形态问题、地方特色问题，针对川西民居风貌进行研究，在突出地方特色、田园乡村风貌、农村聚集度等方面开展了深入研究，提出了新的思路。这些不断涌现的理念和要求，需要在导则中加以体现。为此，特制定了新一版《成都市社会主义新农村规划建设技术导则（2012）》，以便更好地指导乡村规划工作。主要内容涉及选址、总体布局、建筑设计、风貌塑造、环境整治、公共服务设施配套、市政基础、防灾减灾等部分。

（2）《成都市乡村环境规划控制技术导则》

为进一步提高全市乡村环境规划建设水平，提高农村地区道路及两侧建设风貌品质，做到道路安全有序、建筑富有特色、景观绿化优美，环境干净整洁，特制定《成都市乡村环境规划控制技术导则》，导则在坚持生态性、乡土性、多样性、经济性原则的基础上，明确了选景，优景和亮景的控制手法在道路两侧无裸露土地、无乱搭乱建、无乱停乱放、无违规接道的前提下，重点对影响乡村地区道路及两侧景观品质的乡村道路、建筑、植被、农田、林盘、水体、山体等要素进行控制，形成“三面、三边、三点”的控制体系。其中，“三面”包括路面、地面、建筑立面，“三边”包括路边、水边、山边，“三点”包括制高点、交叉点、节点。

由于各个时期乡村面临的主要矛盾不同，原有的规范和导则将有必要进行持续的更新与完善，这建立在一系列基础研究课题之上。近几年成都逐渐编制了《世界生态田园城市示范线导则》及《小组微生导则》《成片连线导则》等乡村规划研究。阶段性地解决了面临的问题。

（3）《成都市农村新型社区“小组微生”规划技术导则》

成都面临各地实施农村社区中对于方案形态的判断未形成一定共识，建成了许多如欧式村、美式村等风貌的新型社区。一些方案布局还是简单地城镇化的模仿，形成了缺乏农村质朴、师法自然的空间组合模式。为了达成共识，指导全域成都农村建设的形态识别，借鉴成都原有的川西林盘居住模式，2015 年形成了成都特色的小型化、生态化、微田园、组团式的《成都市农村新型社区“小组微生”规划技术导则》（图 3-8）。

（4）《成都市镇村“成片连线”规划技术导则》

《成都市镇村“成片连线”规划技术导则》于 2016 年度颁布，主要解决镇村地区次区域集中发展的问题，主要体现区域协同与资源整合。因为在当前阶段成都的乡村发展理论与经验逐渐成熟，需要尽快实施建成一批有条件的区域，各地区也已经在跨行政区域形成规模化的农业产业带和现代乡村旅游的雏形，为了科学引导类似规划建设，制定成片连线导则，明确了产业协同、风貌协调、

图 3-8 《成都市农村新型社区“小组微生”规划技术导则》

环境共保、交通共建、设施共享等五大引导举措，为成都平原集中成片区域的乡村发展明确了准则。

（5）《成都市乡村田园建筑规划建设导则》

为塑造具有川西田园特色的乡村风貌，深入挖掘川西地域文化内涵，注重乡村建设形态和文态的有机协调，使成都地区的乡村建设既体现川西建筑与环境的特点，同时又满足乡村功能的完善与提升。通过创新设计理念与手法，使传统与现代有机融合，展现优美田园风光和良好生态环境，营造具有地域特色的乡村田园建筑，打造“精美川西”，成都市出台了《成都乡村田园建筑规划建设导则》。

《成都市乡村田园建筑规划建设导则》对传统川西建筑、近代川西建筑、当地川西建筑（包括新川西建筑和新乡土建筑两个亚类）的总体样式、建筑色彩、屋顶样式、墙身样式和构件与细部的风貌予以界定，对川西农村地区的规划布局、环境营造、公共服务设施配套予以引导，并研究了营造工艺，对传统工艺、地方材料、绿色材料、新材料的传统表达和老旧材料的全新利用方面进行了深入探索。

3.3 强化人才建设：“筑巢引才，壮大队伍”

3.3.1 首创乡村规划师制度

成都平原广袤的农村地区，有乡村规划覆盖的甚少，由于财政资金的不足，

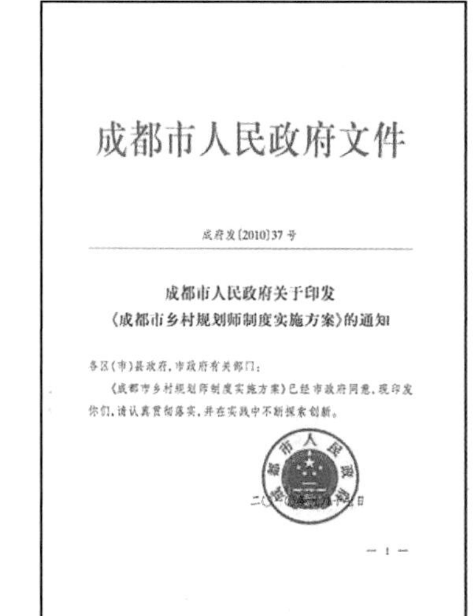

成都市人民政府文件

成府发〔2010〕37号

成都市人民政府关于印发
《成都市乡村规划师制度实施方案》的通知

各区（市）县政府，市政府有关部门：

《成都市乡村规划师制度实施方案》已经市政府同意，现印发你们，请认真贯彻落实，并在实践中不断探索创新。

— 1 —

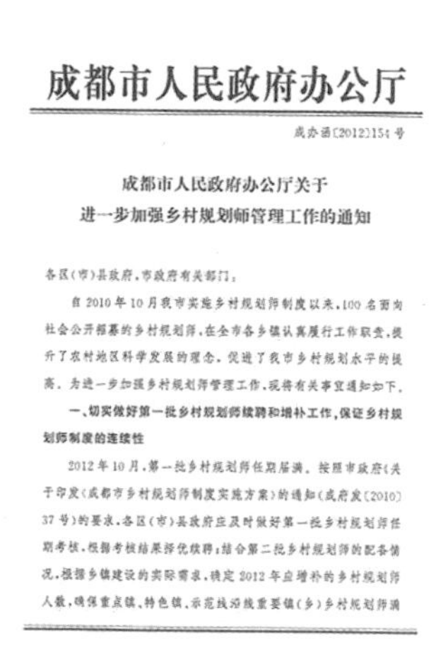

成都市人民政府办公厅

成办函〔2012〕15[illegible]号

成都市人民政府办公厅关于
进一步加强乡村规划师管理工作的通知

各区（市）县政府，市政府有关部门：

自2010年10月我市实施乡村规划师制度以来，100名面向社会公开招募的乡村规划师，在全市各乡镇认真履行工作职责，提升了农村地区科学发展的理念，促进了我市乡村规划水平的提高。为进一步加强乡村规划师管理工作，现将有关事宜通知如下。

一、切实做好第一批乡村规划师续聘和增补工作，保证乡村规划师制度的连续性

2012年10月，第一批乡村规划师任期届满。按照市政府《关于印发〈成都市乡村规划师制度实施方案〉的通知》（成府发〔2010〕37号）的要求，各区（市）县政府应及时做好第一批乡村规划师任期考核，根据考核结果择优续聘；结合第二批乡村规划师的配备情况，根据乡镇建设的实际需求，确定2012年应增补的乡村规划师人数，确保重点镇、特色镇、示范线沿线重要镇（乡）乡村规划师满

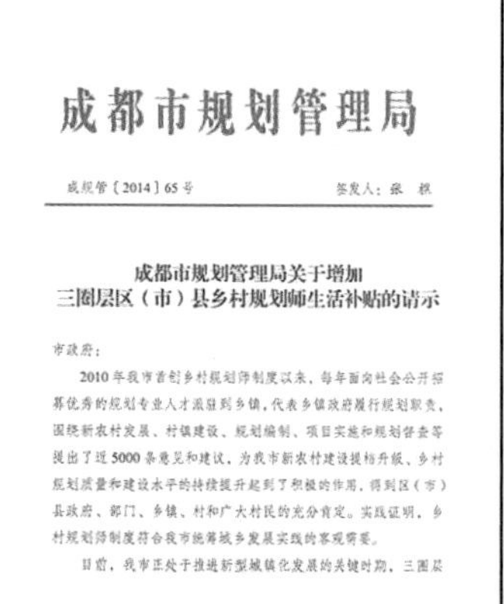

成都市规划管理局

成规管〔2014〕65号　　签发人：张 [illegible]

成都市规划管理局关于增加
三圈层区（市）县乡村规划师生活补贴的请示

市政府：

2010年我市首创乡村规划师制度以来，每年面向社会公开招募优秀的规划专业人才派驻到乡镇，代表乡镇政府履行规划职责，围绕新农村发展、村镇建设、规划编制、项目实施和规划督查等提出了近5000条意见和建议，为我市新农村建设提档升级、乡村规划质量和建设水平的持续提升起到了积极的作用，得到区（市）县政府、部门、乡镇、村和广大村民的充分肯定。实践证明，乡村规划师制度符合我市统筹城乡发展实践的客观需要。

目前，我市正处于推进新型城镇化发展的关键时期，三圈层

图3-9　成都市出台乡村规划师制度的相关文件

乡村地区建设用地的空间安排、乡村产业项目的落实、环境风貌的整治等方面均缺乏先期的规划引导，造成生态、经济、社会等问题。随着成都城乡统筹发展的深入，农村基层技术力量不足、人才匮乏、乡村建设标准缺失、农村地区管理薄弱等问题进一步暴露，迫切需要制定一套保障乡村规划实施管理的制度（图3-9）。

在总结和借鉴灾后重建经验的基础上，成都大胆创新，于2010年首创乡村规划师制度，乡村规划师是由区（市）县政府按照统一的标准选拔、任命的专职乡镇规划负责人，从专业的角度为乡镇政府承担规划管理职能提供业务指导和技术支持。

从2010年起，成都市每年吸引优秀的规划专业人才作为乡村规划师派驻乡镇基层，代表乡镇政府履行规划管理职能。截至目前，先后共招募了262人次乡村规划师，实现了乡镇乡村规划师的满覆盖，他们深入基层，围绕新农村发展、村镇建设、规划编制、项目实施和规划督查等方面提出了近5000条意见和建议，为成都新农村建设提档升级、乡村规划建设质量和水平持续提升起到了积极作用（图3-10）。

3.3.2 乡村规划师的职责定位

乡村规划师受任于村民，上承于政府，下诉于企业，作为城市和农村之间的桥梁和纽带，担任的角色主要为规划决策的参与者、规划编制的组织者、规划初审的把关员、实施过程的指导员、乡镇规划的建议人、基层矛盾的协调员、乡村规划的研究员，是理顺农村规划管理的链条，全方位地参与到乡村规划建设的各个环节。

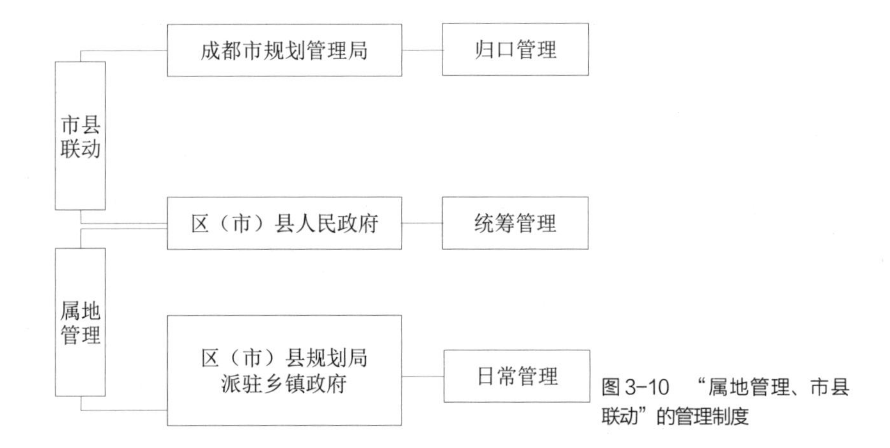

图 3-10 “属地管理、市县联动”的管理制度

（1）作为规划决策的参与者。乡村规划师负责就乡镇发展定位、整体布局、规划思路及实施措施向乡镇党委、政府提出意见与建议，参与乡镇党委、政府涉及规划建设事务的研究决策。七年来，乡村规划师作为规划决策参与者，向当地政府提出规划意见建议书一千多份。

（2）作为规划编制的组织者。乡村规划师负责代表乡镇政府组织编制乡村规划，对乡村规划的编制提出具体的规划编制要求，对乡镇建设项目的规划和设计方案向规划管理部门和当地政府提出明确意见。七年来，乡村规划师作为规划编制组织者，代表乡镇政府组织编制规划六百余项。

（3）作为规划初审的把关员。乡村规划师负责对规划编制成果、政府投资性项目、乡镇建设项目进行审查把关并签字认可后，按程序报批，对不合格的规划项目具有一票否决权。七年来，乡村规划师作为规划初审把关员，参与审查乡镇建设项目方案一千余项。

（4）作为实施过程的指导员。乡村规划师负责对乡镇建设项目按照规划实施的情况进行指导，持续跟踪并提出意见与建议。七年来，乡村规划师作为实施过程指导员，参与指导项目一千余项。

（5）作为乡镇规划的建议人。乡村规划师负责向乡镇政府提出改进和提高乡村规划工作的措施和建议。七年来，乡村规划师作为乡镇规划建议人，向当地政府提出改进规划工作的建议和措施一千余条。

（6）作为基层矛盾的协调员。乡村规划师负责上承村民诉求，协调并化解基层百姓矛盾，作为村民与政府的沟通桥梁和纽带发挥重要作用。七年来，乡村规划师作为基层矛盾协调员，化解基层矛盾六百余个。

（7)作为乡村规划的研究员。乡村规划师负责深入乡村调查研究，探索创新，结合地方实际塑造乡村特色，每年形成研究报告、工作总结。七年来，乡村规划师作为乡村规划研究员，发表乡村规划有关论文 100 余篇。

图 3-11　成都市乡村规划师派驻乡镇示意图

3.3.3 建立“属地管理、市县联动”管理机制

成都采取的乡村规划师 “属地管理、市县联动”的管理体制。各层级管理边界不尽相同，由市规划局负责全市乡村规划师的归口管理，区（市）县政府负责乡村规划师的统筹管理，区（市）县规划局和乡镇政府负责日常管理（图3-11）。

（1）市规划局乡村处负责全市乡村规划师的归口管理

成都市规划管理局的工作主要包括以下五个方面：一、指导监督乡村规划师制度的实施，及时协调乡村规划师制度实施过程中的相关问题；二、负责乡村规划师技术培训，协助区市县政府做好人员招聘和志愿者征选工作；三、组织乡村规划师的季度交流；四、组织评选成都市优秀乡村规划师和成都市优秀镇、乡、村规划成果，并予以奖励；五、对机构志愿者所在单位履行乡村规划师职责和义务的情况进行监管。

（2）区（市）县政府负责乡村规划师的统筹管理

区（市）县政府的工作主要包括以下五个方面：一、负责社会招聘、志愿者征选、选调任职、选派挂职以及任免、考核、动态管理等事项；二、根据乡村规划师的工作任务、业务能力和乡镇政府日常管理情况进行及时的人事调整；三、年度考核优秀的乡村规划师可由区（市）县政府推荐评选为成都优秀乡村规划师，考核不合格的予以辞退或免职。

（3）区（市）县规划局和乡镇政府负责乡村规划师的日常管理

区市县规划局负责乡村规划师的业务指导；负责组织乡村规划师的半年评估，评估结果纳入年度考核。乡镇政府负责乡村规划师工作效率、工作质量、工作纪律、工作作风和廉政建设等日常管理。

3.3.4 实行“信息共享、联合初审、考察培训”的工作机制

（1）信息共享

小组服务。同一区（市）县内建立乡村规划师小组，设立小组长，对于辖区内乡镇涉及的重大项目，将由乡村规划师小组进行联合审查。

片区交流。设立统一的乡村规划师 QQ 群，方便不同乡镇间的沟通交流，发布最新资讯，分享工作经验，共同解决工作难点，保证信息对称，促进乡村规划工作顺利开展。

建立博客信息管理平台，方便乡村规划师发布各乡镇村的规划进程，便于上级统一管理，跟踪了解乡村规划师的近期工作。完善乡村规划师的长效管理机制（图 3-12）。

（2）联合初审

乡镇涉及重大项目，应由乡村规划师小组进行联合初审。联审由乡村规划师小组长召集，不定期召开，根据需要对各类规划方案进行联审把关，会后形成纪要报区（市）县规划局。

（3）考察培训

每季度安排对全体乡村规划师开展一次集中培训，不定期地组织乡村规划师参观学习省内外先进规划经验。

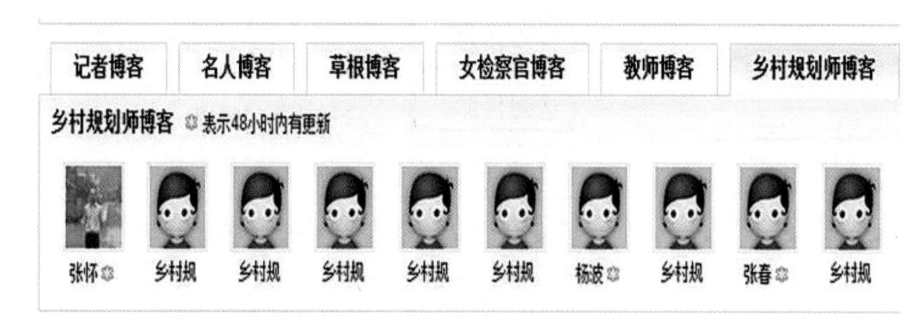

图 3-12　乡村规划师博客管理

3.3.5 形成“招得来、干得好、流得动”的人才保障机制

（1）多来源的招聘

乡村规划师主要通过社会招聘、机构志愿者、个人志愿者、选调任职和选派挂职等途径选择，原则上任期（聘用期）不少于 2 年。

社会招聘，是由相关区市县政府面向全国公开招聘符合条件的专业技术人员；机构志愿者，是面向全球征集优秀规划、建筑设计机构，或动员在蓉高校、规划或建筑设计单位、开发企业等机构，由其选送符合条件的专业技术人员；个人志愿者，是面向全球公开征选符合条件的专业技术人员；选调任职，是以人才引进的方式，面向国内机关或事业单位引进符合条件的优秀专业技术人员；选派挂职，是由市及区市县规划部门选派符合条件的专业技术骨干。

（2）多方位的考核

年度考核作为乡村规划师人才激励机制，通过组织乡村规划师进行半年评估和年度考核，采用评分的形式，制定评分标准，将分数细化为对乡村规划师的考核项，并根据乡村规划师招募方式的不同，分类实施考核。通过考核筛选出工作能力优秀的乡村规划师。

考核由区（市）县规划局和乡镇政府共同组织，并建立乡镇评定、乡村规划师自我评定、规划局考核评定的三方考核机制。考核评分依据乡村规划师在规划编制、规划实施、规划建设等方面的工作绩效确定，对工作有突出贡献、受到表彰等情况的乡村规划师予以加分，受到批评等情况的乡村规划师予以减分。

（3）多元化的出口

通过社会招聘途径任职的乡村规划师，连续两年考核优秀且符合招考岗位条件的，相关区市县事业单位在招聘工作人员时，应在乡村规划师队伍中有一定名额的定向招聘。

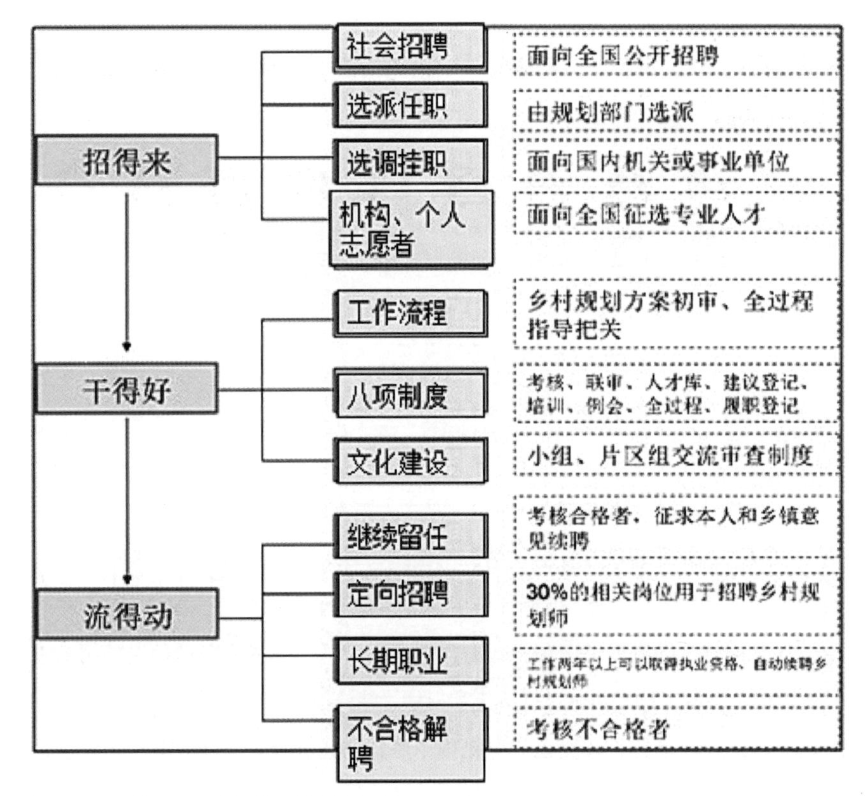

图 3-13 “招得来、干得好、流得动”的人才机制

通过选派挂职途径任职的乡村规划师，连续两年考核优秀且符合选拔任用条件的，在挂职期满 1 年内，原单位根据工作需要，可实行提名推荐，经本人同意，根据区市县规划部门、相关乡镇领导班子建设需要，选拔担任相应职务（图 3-13）。

3.4 固化资金保障：“多元筹集、共建乡情”

3.4.1 专项资金 – 确保乡村规划实施

为加快乡村规划工作持续深入推进，成都市财政每年专门安排一批乡村规划专项资金，用于乡村规划师社会招聘人员年薪补贴，以及乡村规划师及全市基层规划工作人员培训、生态及历史文化名镇、名村保护专项规划，镇村规划、农村新型社区示范项目规划、一般场镇改造规划、灾后恢复重建实施规划等编制经费补贴等事项。从 2010 年至今，全市共发放乡村规划专项资金约 1.5 亿元，同时区县政府匹配近 3 亿元投入乡村规划编制管理，起到了放大效应。通过财政资金的撬动，积极推动成都乡村地区规划实施与发展，乡村地区规划编制覆盖率大幅度提高，推动了一批“小组微生”模式的乡村建设，促进成都幸福美丽乡

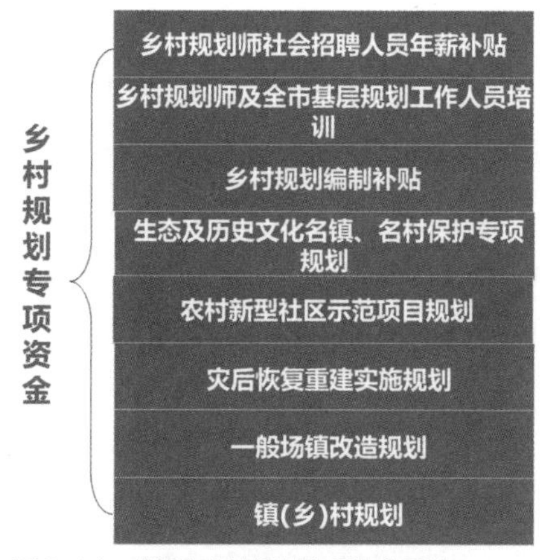

图 3-14　成都市乡村规划专项资金用途

村建设，在全省新农村建设中起到良好示范。

在乡村规划专项资金的支持下，建立激励机制，在基层开展评优评奖工作，促进乡村规划工作的不断深入。成都市于 2011 年开始启动优秀乡村规划评选工作，截至目前，共组织了 3 次优秀乡村规划评选，评选出“镇规划类”“村规划类”“新农村建设专项规划类” 近 200 个优秀规划项目。市规划局对获奖的优秀规划方案组织单位发文表彰，组织总结交流规划经验，将优秀城乡规划汇编成集，并对评优结果进行以奖代补、考核加分。通过评奖评优的方式，激励各基层规划局严格把关规划成果，认真梳理和总结乡村规划先进经验和有效做法，注重“多规合一”，突出地域特色，大力提升全市的乡村规划水平（图 3-14）。

3.4.2 社会资金 – 引导多元投资进入乡村

在成都城乡统筹实践背景下，郫县被选为集体经营性建设用地试点。针对农村集体经营性建设用地入市交易，由市国土局、规划局、农委等相关部门出台《郫县集体经营性建设用地协议入市办法》《郫县集体经营性建设用地入市暂行规定》《郫县招标拍卖挂牌出让集体经营性建设用地使用权规则》《郫县集体经营性建设用地项目建设规划管理暂行办法》等配套文件，对农村集体经营性建设用地入市交易方式、招标拍卖挂牌细则、资金收益分配、抵押贷款工作细则及规划建设管控等进行了全方面地引导，形成了一套系统的管理模式，并对全县 17000 余亩集体经营性建设用地进行了梳理确权，保障社会资金通过购买集体经营性建设用地使用权方式参与乡村建设，发展与农村农业相关的非生产性产业项目以及营利性养老、医疗、教育培训、乡村酒店等产业项目。

进一步释放农村土地资源活力，成都深入研究农村宅基地管理制度改革，初步形成《成都市农村宅基地管理制度改革试验专项方案》《成都市农户宅基地使用权推出改革试验专项方案》，鼓励市场主体参与农村宅基地使用权退出的土地整理复垦项目，允许市场主体将农村节余的建设用地在符合城乡规划、土地利用规划、产业发展规划的前提下进行开发利用，促进农村经济发展。

3.4.3 自筹资金 – 转变土地利用方式

成都市在土地确权颁证的基础上，出台配套政策，搭建农用地流转平台，创新流转方式，通过建基地、强龙套、兴标准，高质量推进农用地向规模经营集中。大力实施现代农业发展战略，切实提高农民收入，增强农民自筹资金能力。在此基础上，引入“民事民筹”的乡村公益工程建设协调机制，让农民自主决定公益项目建设与否、自主筹集资金、自主组织建设，减少纠纷，加快乡村公益工程建设速度，改善生活条件，提升生活品质。

3.5 硬化创新支撑：“借智借脑，内外兼修”

3.5.1 理论与实践互动，产学研协同领跑乡建前沿

以产养研，以研促产，稳定持续激发创新动力。

一是学校及科研机构在农村开展科技培训和技术咨询，科学推广农业生产知识。蒲江是成都市乃至我国地理条件优越、生态气候适宜的优秀猕猴桃产区，省市各级高校不定期组织猕猴桃生产技术学习推广，提高农民生产技能，切实提高猕猴桃生产水平，为农民增收、创收提供支撑。

二是实施农业科技成果转化，因地制宜的根据成都资源、产业特点，结合高校及研究机构的专业优势及研究成果，促进农业科技成果的产业化转换。一方面实现农业科技研究的投入回收，持续激发研究活力；另一方面促进农村产业项目引进，为农村发展提供助力。

三是高校与科研机构参与地方共建，选取农村地区帮扶对象，指导其进行产业结构调整并对其产前、产中、产后进行全方位指导，在生产、流通各环节培养带头人及标杆，形成示范效应带动片区发展。

四是形成产学研实践基地，鼓励高校在乡村建立实践基地，作为高校科研技术实践与转化的空间载体的同时，与农业生产、农村生活发生联系，形成产–学–研协同创新系统，西南交通大学在蒲江县成佳镇建立大学生实践基地，此外，四川大学联合海内外高校组织跨境暑期国际交流营，实现高端人才交流的同时，

图 3-15　四川大学暑期国际交流营活动

为成都乡村发展提供新思路、新途径（图 3-15）。

3.5.2 政府与村民分工，自组织模式扎根基层治理

在统筹城乡发展、推进城乡一体化发展的进程中，成都以农村产权制度改革为基础，以“经济市场化、社会公平化、管理民主化”的改革理念，构建了“村党组织领导，村民议事会决策，村委会执行，村务监督委员会监督，其他经济社会组织参与”的农村基层治理机制，实现了民主与民生相互促进的农村基层治理机制良性发展。

目前，成都全市的建制村与新型社区均选举产生了村民议事会，通过议事会平台能较好解决各村、新型社区在生产生活中出现的问题，减少了上级管理部门的居中协调成本，激发了村民自主管理的积极性。同时，成都在农村基层治理机制构建的领导责任制、制度法定化、监督机制、运转模式等方面都进行了创新实践尝试。

一是已搭建起基层治理机制建设的分级负责体系。从上至下，区市县成立专项负责基层治理机制建设的领导小组，明确责任片区，建立责任联系制。

二是通过出台规则、导则等将议事制度建设和操作流程规范化、法定化。2010 年初，成都市委组织部出台《成都市村民议事会组织规则（试行）》《成都市村民委员会工作导则（试行）》《成都市村民议事会议事导则（试行）》《加强和完善村党组织对村民议事会领导的试行办法》等配套操作制度。

三是构建起完善的监督机制。由市委组织部、统筹委、目督办三个部门参与成立督查队伍，对全市议事会运行状况进行监督，多部门参与的监督机构保证村级议事会的公正、透明运行。

四是形成了“一轮导向、两轮驱动”的农村治理机制的运转模式，即以村党组织为导向，村级公共管理服务组织、村集体经济组织两轮驱动。在保证农村发展方向科学可持续的基础上，积极引导各村组织参与，实现民生与民主的相互促进，形成发展合力，推动农村发展。

第四章　规划实施篇

第四章　规划实施篇

从国家层面确定的乡村地区规划编制规范来看，仅镇、村总体规划被列入法定序列，规划内容偏宏观，而乡村实践要求规划具备落地性与实施性，制定科学合理的乡村规划需要在传统规划的框架下创新编制方式，以指导不同时期、不同类别的乡村发展的需求。

成都创新性地探索了宏观层面和次区域层面的乡村规划：在宏观层面，强调全域统筹布局安排；次区域层面，强调全系统的协同规划；村庄层面，强调面向实施的空间形态设计。创新性地提出涉及各个层面、充分衔接的一体化规划编制方法（表 4-1）。

成都乡村规划编制体系框架　　表 4-1

层面	规划类型	规划方法
宏观规划	《全域村庄布局总体规划》 《成都市都市现代农业“一线一品”总体规划》 《成都市域镇村“成片连线”实施规划》	全域统筹是宏观规划编制的主导思想： 1. 产业规模确定人口承载力，人口数量确定新村规模和布局 2. 连点串线，提出全域 11 条示范线 3. 连线成片，提出全域五类成片连线精品示范带
次区域规划	示范线实施规划 示范带实施规划 风景区规划 产业规划 流域规划 经济带规划	协同整合是次区域规划编制的主导思想： 1. 产业协同，成片发展 2. 资源整合，区域共享 3. 风貌协调，标准统一
村庄规划	村庄总体规划 村（新型社区）实施规划 村庄扶贫规划	触媒示范是村庄规划编制的主导思想： 1. 简化编制层级，“一竿子到底”面向设施 2. 聚焦“三生”，实现全面提升，建设美丽幸福新村 3. 全过程公众参与，健全民主化进程 4. 创新乡村空间设计手法，营造精致小巧的乡村建设空间

4.1 全域统筹下的村庄建设一盘棋

4.1.1 成都全域村庄总体布局规划

经过多年的发展与经营，成都乡村地区已经具备一定的产业基础和经济支撑，现代农业的发展以及乡村旅游的发展，使得乡村地区的建设需求愈加旺盛，结合农村集体土地整理政策，各地都在建设大量农村新型社区。2015 年，成都开展了全域新农村布点规划，意在以全域一盘棋的思路对大量的集中建设新村进行有效的导控，引导乡村城镇化围绕在“以人为核心”的基础上，避免出现“有房无人、产村分离”现象。

4.1.1.1 项目概况

总体布局规划范围包括成都市市域（除中心城区外）范围，包括龙泉驿区、青白江区、新都区、温江区、金堂县、双流县（含天府新区直管区）、郫县、大邑县、蒲江县、新津县、都江堰市、彭州市、邛崃市、崇州市，共计 4 区 6 县 4 市，总面积 11656 平方公里。总体规划在审视成都市新农村发展成效与不足的基础上，科学预测与分配全域农村人口，以“产村融合”为理念，以自然特征为前提，分级分类对不同职能的村庄布局提出规模要求及布点管控，实现可持续发展与农村社区科学合理布局，避免了社区选址建设的无序化，成为探索成都市新农村规划思路转型，指导各区县开展下一步新农村规划建设的重要支撑。

4.1.1.2 内容与创新

秉持“以人为本，协调推进”的规划原则，针对农村人口转移和村庄变化的新形势，结合新型城镇化发展要求，分析农村人口流动趋势，预测未来农村人口规模；在分析农村新型社区建设概况与特征的基础上，从人口流动趋势、土地资源分配的公平与效率兼顾出发，以都市现代农业发展为支撑，在尊重农村居民意愿的基础上，科学合理地引导农村新型社区有序布局，因地制宜地确定农村新型社区建设形态。

（1）以常住人口为口径，自下而上预测农村人口

结合国内外先进城市农村发展经验及成都实际，未来成都农村将走向一个常态的发展时期，城乡人口将基本稳定。此外，由于长期以来成都市以农村户籍

人口作为口径开展农村新型社区建设，加之农村居民集中居住后务农不便等因素，导致农村出现了大量空心化的现象。

因此，在充分引导农村居民就地城镇化的基础上，以常住人口为口径合理确定农村新型社区数量和规模，并充分考虑未来产业发展的需求。同时，借鉴国内其他类似城市的先进经验，以适宜的生产力水平进行常住人口预测，扭转自上而下以城市人口确定农村人口的传统预测方法，实现自下而上以农村产业确定农村人口（表 4-2）。

成都市农村常住人口预测一览表 表 4-2

门类	生产资源	生产力水平	劳动力	生产力水平对标与测算
粮油	547.4 万亩	21.3 亩 / 人	25.6 万人	上海松江地区：60% 规模经营，42 亩 / 人；40% 其他方式，12 亩 / 人
粮菜	90.8 万亩	7.5 亩 / 人	12.1 万人	上海松江地区：60% 规模经营，10.5 亩 / 人；40% 其他方式，5.7 亩 / 人
蔬菜	36 万亩	6.2 亩 / 人	5.8 万人	上海松江地区：30% 规模经营，10.5 亩 / 人；70% 其他方式，5.7 亩 / 人
经济作物（食用菌、茶叶、中药材等）	85 万亩	14 亩 / 人	6.1 万人	亩均工时为蔬菜的 2/3，每户均约承担 40 亩
经济林木（水果、林竹）	355 亿产值	7.37 万 / 人	48.2 万人	经济林木规模化经营产值与大棚蔬菜户均产值相当： 大棚蔬菜亩均产值为 0.7 万元，规模化经营户均年产出约 21 万元
养殖业	养猪存栏 300 万头	15.6 头 / 人	19.2 万人	参考绍兴合作社：散户 30%，5-6 头 / 人；规模化 70%，50 头 / 人
	家禽存栏 3000 万只	1100 只 / 人	2.7 万人	散户存栏 10% 与种植兼业；规模化存栏占 90%，1000 只 / 人
	水产养殖 13 万吨	3.1 吨 / 人	4.2 万人	参考赣渝水产合作社：人均淡水生产生产力 3.1 吨 / 人
合计	—	—	农业劳动力 123.9 万（其中约 25 万居住在城镇）	
	—	—	农村人口 206 万	
说明	参考台湾发展趋势，若按城镇周边 0.5 公里农田由居住在城镇的农业劳动力耕作，则大约有 25 万左右城镇居民务农。 根据成都市第五次、第六次人口普查，生活服务业从业者约占农村总人口的 8%，市域内外出务工人员约占 21%，老幼家眷约占 23%，三者总人口 107 万			

注：生产资源自《成都现代农业发展规划》。

（2）以产村相融为理念，成片连线推进新农村建设

从成都探索城乡统筹十几年的经验来看，农村新型社区的推进方式经历了从“就点论点”到“串点成线”的转变：城乡统筹实践之初，成都市农村新型社区多以示范点为推进模式，呈现出“就点论点”的特征；而后，针对“就点论点”带来的风貌杂乱等问题，成都市农村新型社区的推进方式转变为以示范线为依托，“串点成线”地进行统筹规划建设。

随着四化同步、产村相融理念的不断深入，农村新型社区的推进应更加关注产业联动。以规模化农业示范片区为依托的“连线成片”，将逐渐成为推进农村新型社区的主流模式与方向。因此，成都市全域村庄布局与示范线、绿道、一线一品、全市十万亩粮经产业示范基地等充分结合，在满足自身选址与建设要求的前提下，依托自然山体、水系和交通干道集中成片连线推进新农村示范区建设，形成“五廊示范”，包括沙西线走廊、成新蒲走廊、龙门山山前走廊、东山走廊、成青金走廊等（图 4-1）。

（3）加强村庄分类管理，实现“建改保”相结合

根据预测，现状农村常住人口将大部分转移进入城镇，未来常住农村的人口仅约 200 万人。若按平均聚居度 70%~80% 进行计算，约有 150 万农村人口需要聚居。而根据现有调查资料统计，居住在农村新型社区（不含入城型社区）的现状农村人口已达 70 万人。这意味着，目前成都市域范围内的农村新型社区建设进程已接近一半。

由此看来，大规模的新建将不再是未来新农村的发展方向，而应当将保护、改造纳入新农村建设范畴之中。因此，在全面梳理与充分调查的前提下，加强村庄分类管理，根据采取措施的不同，将村庄分为保护型、改造型与新建型三大类，实现“建改保”相结合。其中，对于传统村落、特色村落予以保护，划定保护控制范围，构建长效保护机制。并在此基础上，充分考虑村庄未来产业发展与功能需要，结合周边重大项目建设进行保护性开发与利用。对于建筑质量等居住环境尚可的村庄，尤其是尚有住房闲置的村庄应予以改造，着重完善其公共服务配套，强化其产业支撑，引导其结合现代农业生产基地发展规模化农业或结合自然人文资源发展乡村特色旅游，并注重乡村环境与风貌整治（图 4-2）。

（4）优化建设形态，落实“小组微生”规划理念

从点上来说，成都市农村新型社区的建设形态经历了从“城市小区”到“微型场镇”的转变。农村新型社区建设之初，以仿效“城市小区”的形态出现，“一般高、一展齐、一个样”的“火柴盒”式建筑现象屡屡发生，从而失去了乡村田园的风貌

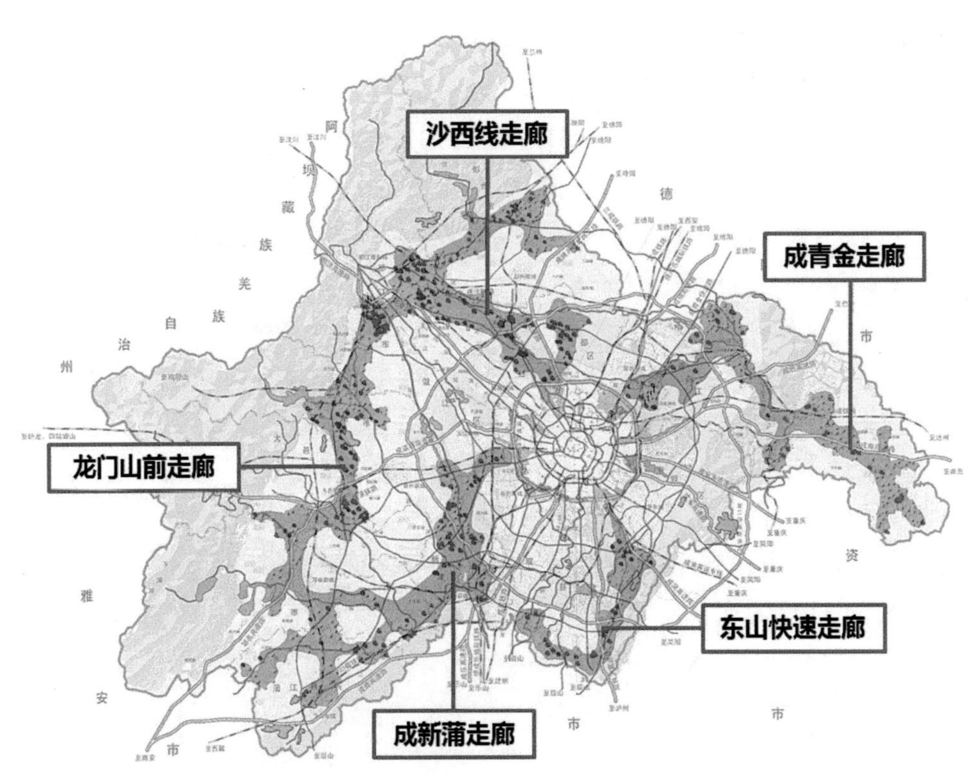

图 4-1 成都市域农村新型社区“五廊示范”示意图

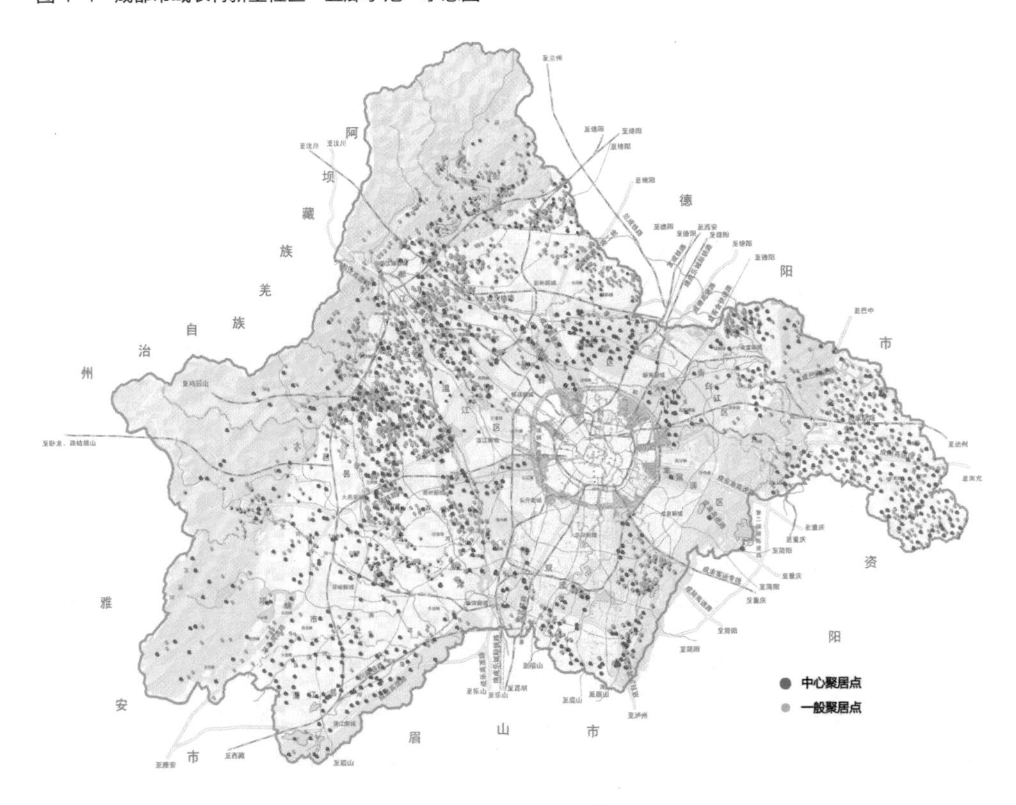

图 4-2 村庄总体布局

图 4-3　邛崃市新桥“小组微生”示意

与开放性。由此，成都市提出了“微型场镇”的概念，强调农村新型社区与田园相互融合的空间形态，以小规模的开放场镇为导向，提升农村新型社区的宜居性。

而从目前的调查结果来看，随着农村与场镇的差异而带来的诸如务农不便等不适应性逐渐被认识。因此，在充分利用现有川西林盘、耕地、坡地等的基础上，再次转变农村新型社区建设形态的思路，还原农村居民的田园生活，建设“小型化、组团式、微田园、生态化”的农村新型社区。要求新增农村新型社区单个规模不宜过大，采用组团式布局形式，各个组团规模为 20~50 户；并预留空间生态尺度，各组团间平均距离不得小于 30 米（图 4-3）。

（5）创新农村集体资产经营体制，促进城乡要素流动

充分利用农村有效资源，鼓励和支持村级集体经济组织有效利用农村公共房屋、闲置资产、集体土地和农村闲置房屋集体经营，推进承包土地股权化、集体资产股份化、农村资源资本化；引导社会力量参与新农村建设，引导工商资本到农村兴办乡村旅游、休闲养老等产业，组建农房出租协会、乡村旅游协会，探索建立农民房产交易平台，与工商资本联合经营，促进城乡要素流动。

4.2 以区域统筹为抓手，集群化发展

作为全国统筹城乡综合配套改革试验区，成都的城乡统筹经历了“全域试点—连点成线—以线带面”的发展历程，实现了从局部示范到全面推进的转变。区域统筹是指规划阶段转变按独立行政单元编制规划的传统做法，在全域层面的指导下，以市域主要通道为纽带，遵循生态相似、产业关联、空间连续的原则，突破行政边

界，将几个行政村、镇整合为一体的统筹规划。区域层面包括示范线的实施规划、成片连线精品示范带的实施规划、风景区规划、产业规划、多村联动实施规划等。

4.2.1 “成新蒲”都市现代农业示范带建设总体规划

“成新蒲”都市现代农业示范带建设总体规划，是具有代表性的成都市域范围内较大规模的区域统筹规划编制，是探索农村地区区域层面统筹规划如何指导分区规划与实施规划编制的典型案例。

4.2.1.1 规划概况

规划将成新蒲快速路沿线 72 公里，6 个市县的 22 个乡镇纳入规划范围，总面积 858 平方公里。按照“生态优先，产村相融，四态合一”的规划理念，紧扣区域生态本底、产业基础和资源禀赋，以产业、生态、镇村体系为主线，深入挖掘都市现代农业“大农业、大生态、大旅游”的内涵，结合生态格局落实产业空间分布，深化一三产业互动，优化镇村体系结构和布局。进而融合文化资源，提升村镇风貌，塑造田园景观，完善基础支撑，最终形成特色化、地域化、多样化的新型城乡形态（图 4-4）。

4.2.1.2 跨区域发展，实现综合统筹

规划强调了区域内的空间统筹整合：首先，整合土地资源推进农业规模化、现代化发展；其次，以农业种植区为生态屏障，一三互动，将农业产业基地打造成乡村旅游目的地，促进农业的生态化、景观化发展；再次，以产业发展推动城镇体系和镇村格局重构，实现微型城镇化；最终，实现区域内生态保护、产业发展、镇村建设和基础设施配套的综合统筹（图 4-5）。

4.2.1.3 创新产业模式，实现高效发展

规划明确区域内重点发展与生态本底相适应的粮经复合型农业。为了落实农业规模化、产业化、集约化发展要求，规划以三区多园的产业空间格局为基础，构筑起各片区三产互动的产业链条，引导区域产业发展。在此基础上，探索农村地区产业与社区协调发展的新路径，提出了产村相融的新型城乡模式，打破传统以行政村为单位组织生产生活的模式，转变成以规模化的产业基地为基础，构建

图 4-4　规划范围示意图

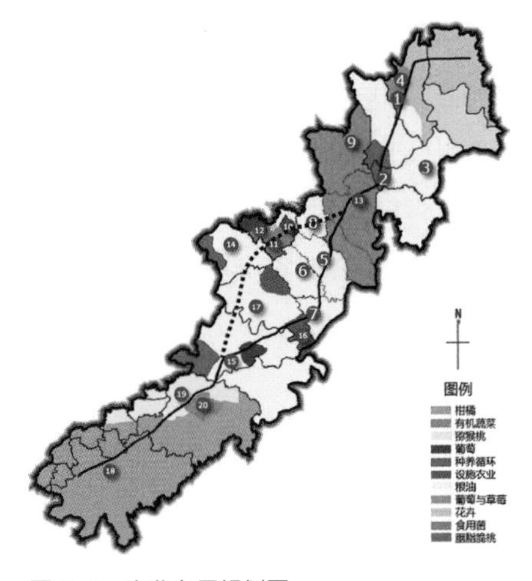

	编号	产业基地	数量	规模（万亩）
双流段	1	彭镇葡萄·草莓基地	1	0.5
	2	黄水镇胭脂脆桃基地	1	0.5
	3	黄水镇优质粮-油（菜）基地	1	1
	4	金桥蓝莓基地	1	1
新津段（含崇州、大邑）	5	新平镇优质粮-油（菜）基地	1	1
	6	方兴镇优质粮-油（菜）基地	1	1
	7	安西镇优质粮-油（菜）基地	1	1
	8	文井乡玉米制种基地	1	0.5
	9	三江镇蔬菜（食用菌）基地	1	0.5
	10	韩场镇葡萄基地	1	1
	11	韩场镇畜牧高科技产业园区	1	0.05
	12	菌蕈产业园	1	-
	13	兴义镇有机绿色蔬菜基地	1	1
邛崃段	14	冉义镇优质粮-油（菜）基地	1	1
	15	牟礼镇优质粮-油（菜）基地	2	1
	16	羊安镇设施农业基地	1	0.15
	17	羊安镇规模养殖基地	3	-
蒲江段	19	寿安镇猕猴桃基地	1	1
	18	西来镇优质柑桔基地	1	1
	20	寿安茶叶基地	1	0.4

图 4-5　产业布局规划图

“产业园 + 新农村聚居点” 的产村单元。产村单元的特点是“产业先行、就地安置、配套完善、彰显特色” 。

根据耕作半径及公服设施配套需求，每个产村单元规模控制在 3000 ~ 8000 人， 3 ~ 7 平方公里之间，结合主要河流及道路等确定产村单元边界。规划形成农业型、商贸型、综合型及旅游型四种功能类型及相应的空间布局模式（图 4-6、图 4-7）。

4.2.1.4 项目落地，成效显著

启动了一大批符合规划成果要求的农业产业化项目，包括金桥特色渔果生产基地、华夏连诚联想蓝莓项目、彭镇艺隆草莓园等。沿线场镇改造、新农村建设与风貌整治已初见成效。完成了成新蒲快速路沿线景观打造，其中双流段以薰衣草为主题营造的“香薰大道”，吸引了大批游客（图 4-8 ~图 4-10）。

4.2.2 “4·20”邛崃西部单元统筹规划

规划为贯彻落实中央、省市对芦山“4·20”地震邛崃市片区灾后重建相关工作要求而编制。规划借鉴“5·12”汶川地震经验，努力打造灾后恢复重建典范、统筹城乡样板和社会主义新农村建设亮点，实现灾区的全面发展和跨越提升。

4.2.2.1 规划概况

规划范围包括四川雅安芦山“4·20”地震重灾区镇乡的邛崃市西部片区的10 个乡镇，总面积约 700.5 平方公里。规划依托城市总体规划，合理定位，串接受灾镇乡形成多条旅游环线；明确片区中各镇乡定位及功能，确定公共服务设施配套类型及规模，确立片区特色主题（图 4-11）。

规划建立“八镇四十五村四十八林盘”的镇村体系，市域总体规划与镇、村、点规划同步编制，形成完善统一的系列成果；专题编制西部片区产业规划，同步编制文化、旅游及景区配套设施等专项规划，确保各级各类规划统筹协调，实现城镇体系与产业格局空间一致。

规划指出，在建设过程中，需要注重控制沿河沿路景观风貌，结合山水景观环境，形成一镇一湖、一村一景的景村相融格局，在总体川西风貌格局下合理塑造各分区特色。

4.2.2.2 保护和利用区域自然资源，构建山水生态旅游区

规划贯彻串点成线、连线成片的理念，形成西线“丝路古道示范带”与南线“茶竹走廊示范带”两大发展带，营造山水相依、镇村与产业相匹配的风景走廊，充分体现邛崃市西部片区突出的南方水上丝路、古道古镇遗存等文化本底及茶、

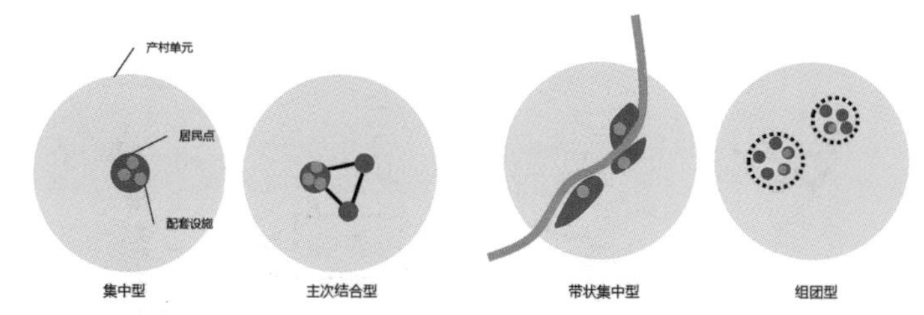

图 4-6　产村单元规划模式

图 4-7　产村单元划分（以兴义为例）

图 4-8　彭镇艺隆草莓园

图 4-9　新农村建设与农村风貌整治

图 4-10　双流段香薰大道

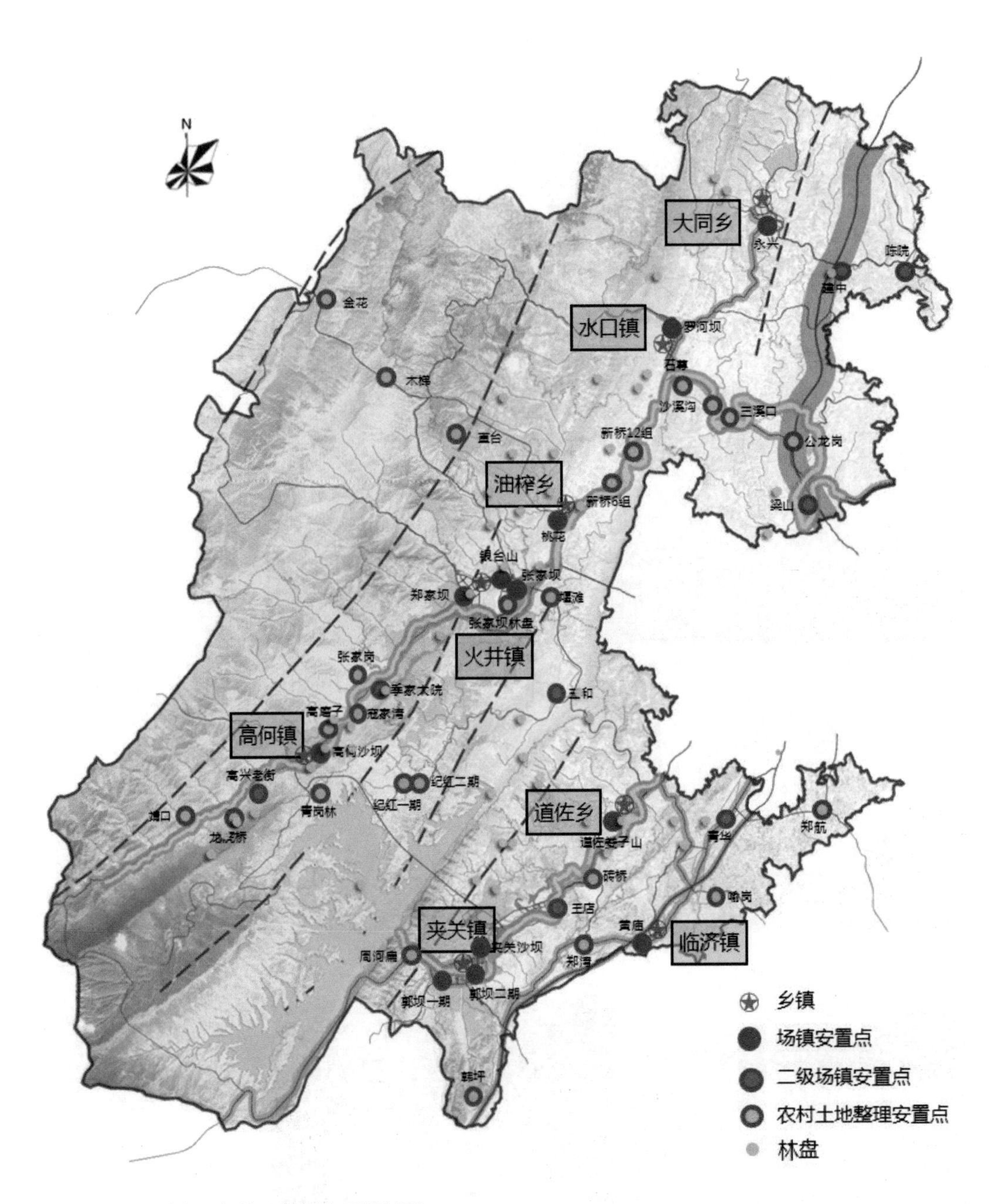

图 4-11　邛崃市西部片区镇村体系规划图

竹资源特色。重点以南丝路文化为主线，统筹整合山水、人文资源，打造全景式立体化的国家级山水生态休闲旅游度假区。

结合规模化的茶、竹、林资源，发展生态文旅游业和都市休闲农业。布局“一线五带”产业示范区域，“一线”即灾后重建生态农业示范线；“五带”即茶产业、彩叶林、粮经复合、道地中药材、林竹五个集中发展带（图 4-12 ~图 4-14）。

图 4-12 南线：茶竹走廊示范

图 4-13 西线：丝路古道示范

4.2.2.3 推进区域人口梯度转移，构建特色镇、精品村

采取政策引导、资金扶持等方式开展生态移民，引导不宜居住区的农民向城镇或集中居住区转移。撤销油榨乡、南宝乡，建立南宝山镇。将南宝山镇、天台山镇地质灾害区涉及的 638 户和 509 户群众，分别集中安置到火井镇和夹关镇（图 4-15，图 4-16）。

明确各镇乡片区中定位及功能，明确各镇在产业示范带的特色与分工，以片区为单元构建主题特色，进行打造。建成夹关水寨茶乡风情小镇、高何红色旅游生态小镇、火井山水温泉小镇三个重要节点（图 4-17 ~ 图 4-19）。

按照“小规模、组团式、微田园、生态化”的理念，规划建设农村新村灾后安置点，将本土人文、生态等资源与地域风貌特色相结合，构建“四态合一”、产村相融的现代新村（图 4-20，图 4-21）。

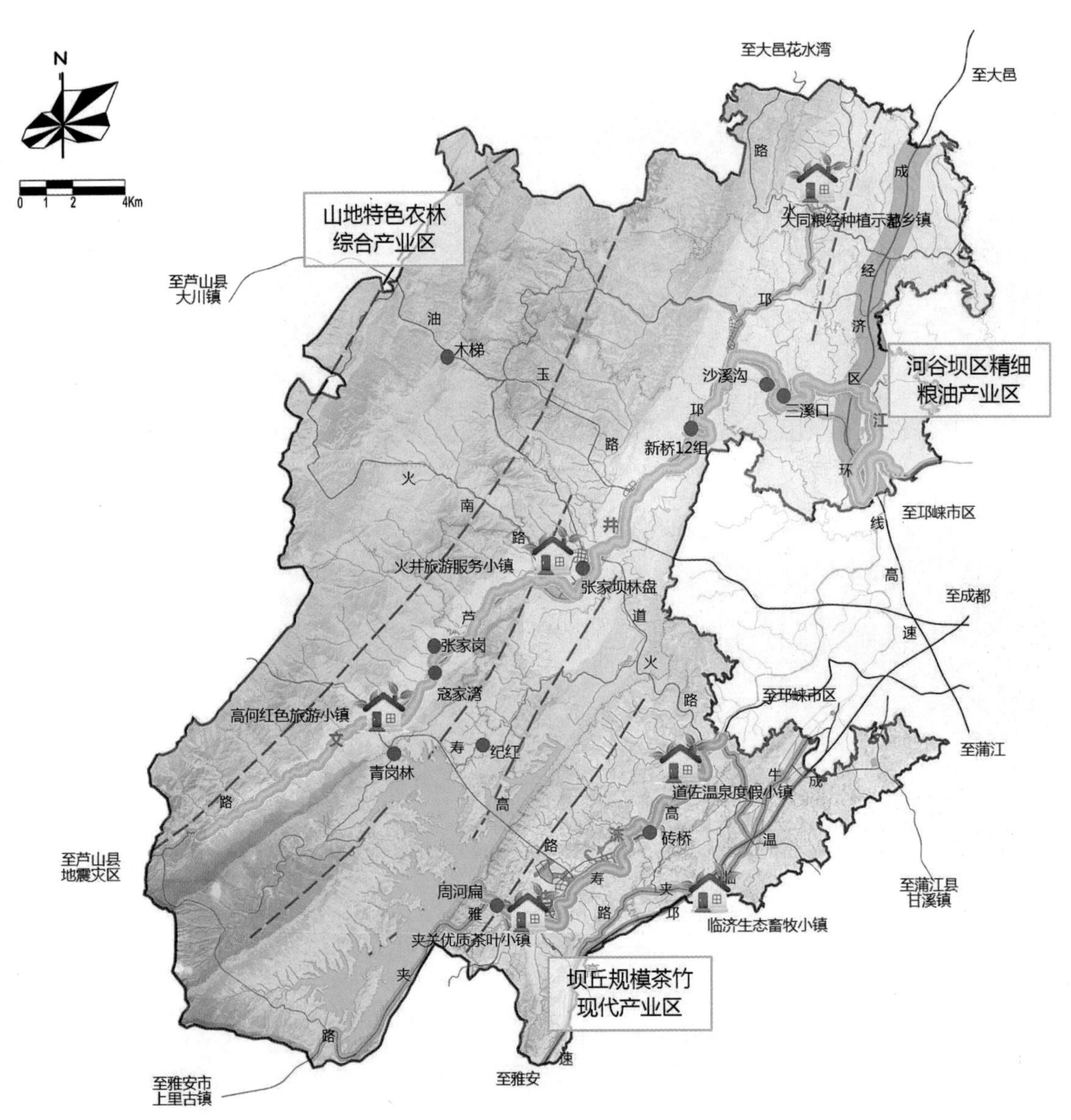

图 4-14 邛崃市西部片区产业规划布局

4.2.3 永商镇九莲·宝桥·商隆美丽新村“成片连线”实施规划

党的十八届五中全会提出，推动城镇公共服务向农村延伸，提高社会主义新农村建设水平，到 2020 年全面建成小康社会。在此背景下，四川省通过全面实施扶贫解困、产业提升、旧村改造、环境整治和文化传承“五大行动”来建设幸福美丽新村的“四川模式”。

图 4-15　天台山镇青杠岭新村安置点

图 4-16　夹关镇周河扁

图 4-17　夹关水寨茶乡风情小镇

图 4-18　高何红色旅游小镇

图 4-19　火井山水温泉小镇

图 4-20　道佐乡砖桥新村

图 4-21　临济镇凉水新村

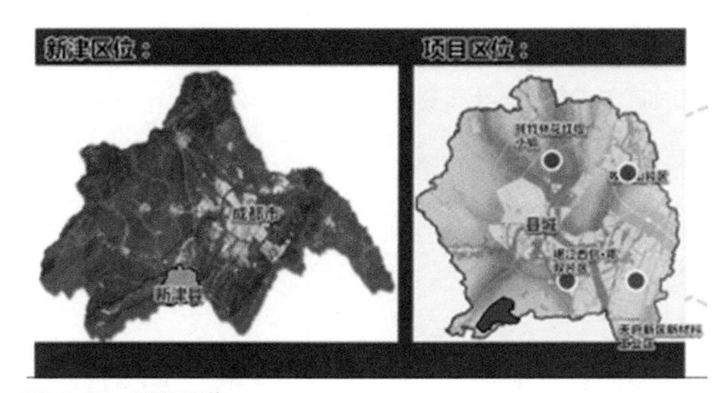

图 4-22　项目区位

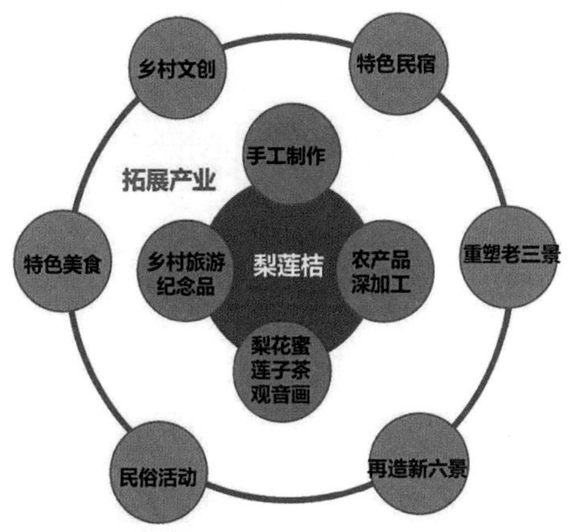

图 4-23　产业发展策略

新津县永商镇将九莲村、宝桥村、商隆村三村作为整体编制“成片连线”实施规划，整合资源，打造成新蒲都市现代农业示范带和成都市近郊乡村旅游重要目的地。

4.2.3.1 规划概况

九莲、宝桥、商隆三村位于新津县南侧永商镇中部，距成都市 30 公里，距新津县城 6 公里，总面积 9.2 平方公里，涉及人口 4613 人，1528 户。规划以“永商花海・九莲胜景”为发展主题，在空间体系、用地布局、交通设施及公服设施等方面进行统筹规划（图 4-22）。

4.2.3.2 突破村域行政边界，实现生态共保、资源共享、产业共振

规划重点分析了区域内优势资源，强调与周边成熟景区景点的联动发展。规划将九莲、宝桥、商隆三村作为整体考虑，形成镇之下、村之上的规划编制范围（图 4-23）。

生态上，通过秀山、理水、敞田、营林、锦路的规划理念，营造区域优良的生态本底，并各自划定山体、水体、林带及田园保护区，明确保护范围及内容；文化上，挖掘区域文化内涵，以景观带串联包括梨文化、莲文化及壁画文化资源点位，凸显文化气质；风貌上，确定传统中式风格与乡村田园风格两大分区，并以保改建结合稳步推进；产业上，提出“一产规模化、二产乡土化、三产特

色化”的发展策略，确定了一二三产的产品类型及空间布局，重点依托“红梨、莲藕、金秋砂糖桔”三大支柱，打造“九莲盛果”特色品牌；联动“花舞人间”等周边景区，打造“永商花海”等多个主题景区。

4.2.3.3 强调连线发展，整合用地，完善交通，强化配套

规划确立三个主题片区，结合“保改建”并贯彻“小组微生”的农村新型社区布局理念，建立中心聚居点—一般聚居点—林盘的三级空间体系；结合镇域土地利用规划，梳理林盘用地，优化“微小散乱”区域，整合使用建设用地指标；链接外部交通，完善道路体系，配套建设交通服务设施；结合林盘改造及新型社区建设，强化以休闲旅游配套设施为核心的产业配套设施体系建设，支撑产业发展（图 4-24 ~图 4-28）。

4.2.4 崇州市稻香旅游环线综合发展实施规划

4.2.4.1 项目概况

在党的十八大和国家新型城镇化规划中，提出了“让居民望得见山、看得到水、记得住乡愁”的要求，城镇、乡村的建设应相互融合。在此背景之下，崇州为进一步深化乡村产业升级、集中连片打造现代农业、发展乡村旅游、建设美丽新村、深化提升城乡统筹工作，拟将西南部的知名景点进行串联，形成更具规模、更具示范效应、影响力更明显的环线。

稻香环线位于崇州市西南部，与白塔湖旅游快速通道、安仁连接线、崇王路等区域道路部分重合，约为 58 公里。沿线涉及道明镇、济协乡、白头镇、王场镇、燎原乡、隆兴镇、集贤乡和桤泉镇 8 个乡镇。本规划以环线为基础，两侧 1 公里左右为界，规划总面积约为 89.32 平方公里。

稻香环线以“川西坝子特色的现代乡村旅游度假区、独具成都魅力的新农村综合体示范区和国家级粮食高产稳产政策集成示范区”为建设目标。最终打造一条四态合一“产、景、游、居”多位一体的生态农业环线公园。

规划充分挖掘环线内在资源价值，从“乡、土、人、文”多角度出发，结合崇州“都江堰精华灌区”的区位，提炼“蜀州”、“蜀道”及“蜀稻”三重展现载体，以此为魂，串接整个环线，提出“蜀稻之道”的形象定位。

图 4-24　九莲荷塘

图 4-25　观音寺

图 4-26　梨园花田

图 4-27　纳雅山庄产业项目正在建设施工中

图 4-28　道路改造

图 4-29 蜀风农家段“四态合一”节点

4.2.4.2 特色与创新

“以点构线、以线带面”打破行政界限，统筹乡村地区成片发展

规划从“点线面”三个层面进行规划深化，根据现有产业、法定规划及片区资源禀赋。充分挖掘环线所涉及各镇的独有特色，错位发展，八镇各显神通，形成“湖、育、泽、民、渔、研、文、林”等八个主题各异的产业发展方向，并将主题归类，形成三个各具风情的产业区段。协同共进，避免同质化竞争。

① 关注乡村地区产业发展支撑，体现“四态融合”

强调产业与文化在地区社会经济发展中的核心地位。依托各镇不同特色主题，构建详细的产品体系，便于政府招商引资和建设实施，并落实到用地。同时围绕“四态合一”多节点提升环线整体内涵（图 4-29）。

② 多部门协调、多规划统筹，上下联动式规划

环线跨度长，涉及规划文件、乡镇及部门众多，规划初期充分对接各乡镇现有规划及各类上位规划，明确项目优缺及机遇挑战。同时充分听取各部门意见，明晰规划诉求。形成政府部门“自上而下”，利益相关体“自下而上”上下联动式的规划（图 4-30）。

③ 生态保育优先，塑造良好的环境基底

采用生态化建设，尊重自然、顺应自然，充分利用自然的地形地貌。以“不大拆大建”为基本建设原则，保育片区生态环境，保障产业发展及投资硬环境品质。规划形成以良田为基底、水系为廊道、林盘为斑块的稳定生态格局（图 4-31）。

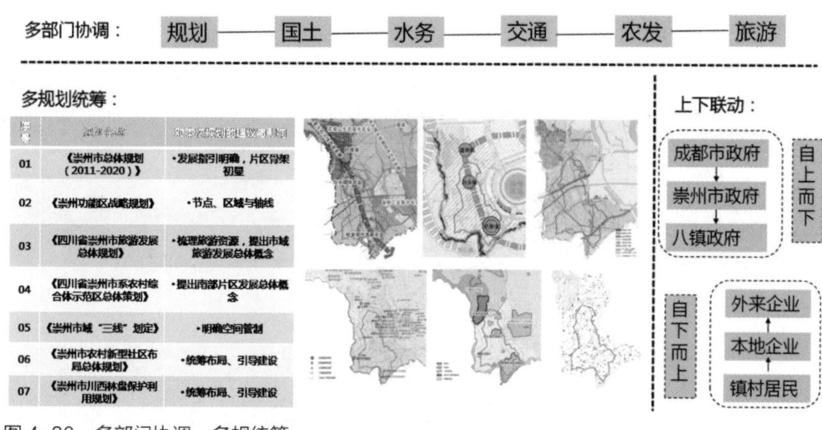

序号	[illegible]	[illegible]
01	《崇州市总体规划（2011-2020）》	•发展指引明确，片区骨架初显
02	《崇州功能区战略规划》	•节点、区域与轴线
03	《四川省崇州市旅游发展总体规划》	•梳理旅游资源，提出市域旅游发展总体概念
04	《四川省崇州市系农村综合体示范区总体策划》	•提出南部片区发展总体概念
05	《崇州市域“三线”划定》	•明确空间管制
06	《崇州市农村新型社区布局总体规划》	•统筹布局、引导建设
07	《崇州市川西林盘保护利用规划》	•统筹布局、引导建设

图 4-30　多部门协调、多规统筹

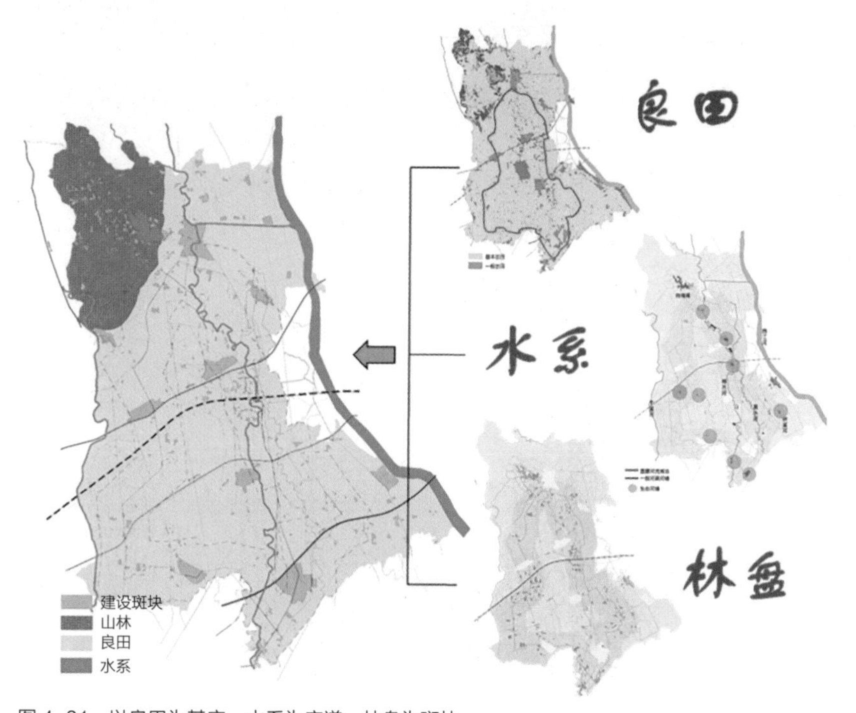

图 4-31　以良田为基底、水系为廊道、林盘为斑块

4.2.4.3 实施效果

在规划指导下，环线建设已见成效，初步建成十万亩高标准农田，包括凡朴农场、徐家渡特色林盘、桤木河湿地、竹编工艺村、土而奇农庄、藏羌风情小寨等产业化项目，以及五星村、铁溪澜庭等民生居住项目已经陆续建成（图 4-32 ~图 4-36）。

图 4-32 十万亩良田

图 4-33 凡朴农场

图 4-34 桤木河湿地

4.2.4.4 经验总结

支撑乡村可持续发展，在确定生态、文态、业态及景观风貌形态等规划之后，规划结合多项法定规划，最终在空间上落实项目点位，指导项目落地实施。（图 4-38 ~图 4-40）

科学分析，合理布局，对道路绿道、公服、旅游服务设施以及农业服务设施同步跟进，构建完善的基础设施体系，促进居民安居乐业。（图 4-41 ~图 4-44）

图 4-35　铁溪澜庭

图 4-36　铁溪澜庭

图 4-37 余花龙门子

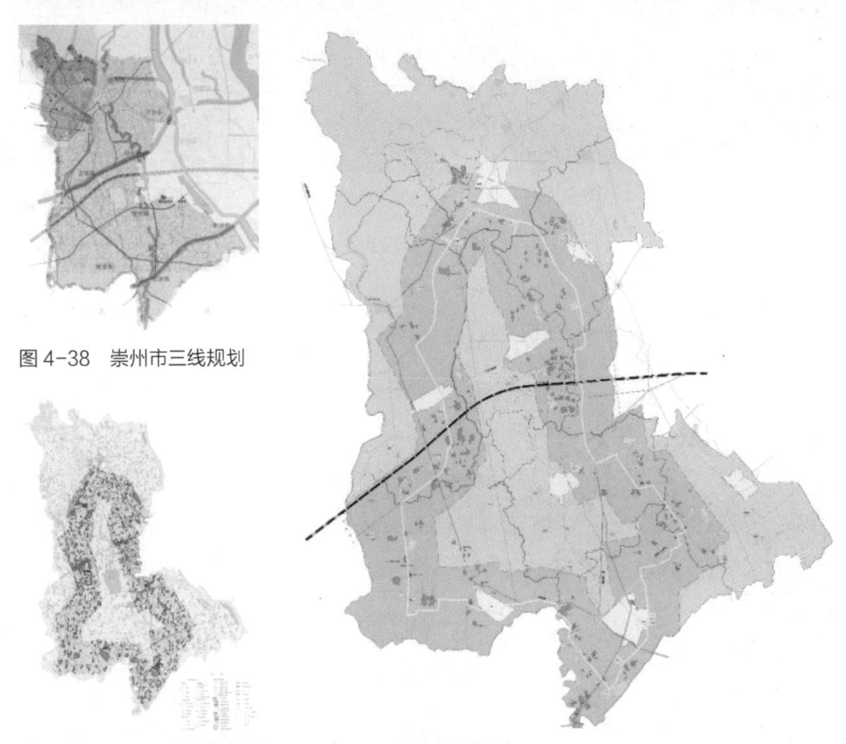

图 4-38 崇州市三线规划

图 4-39 土地利用总体规划　　图 4-40 用地布局规划

同时在空间、时间上明确基础设施建设时序，确保区域基础设施合理有序地开展建设工作。

对产业、新村建设项目按行政界线进行逐一落实，保障规划内容和成果的顺利实施（图 4-45）。

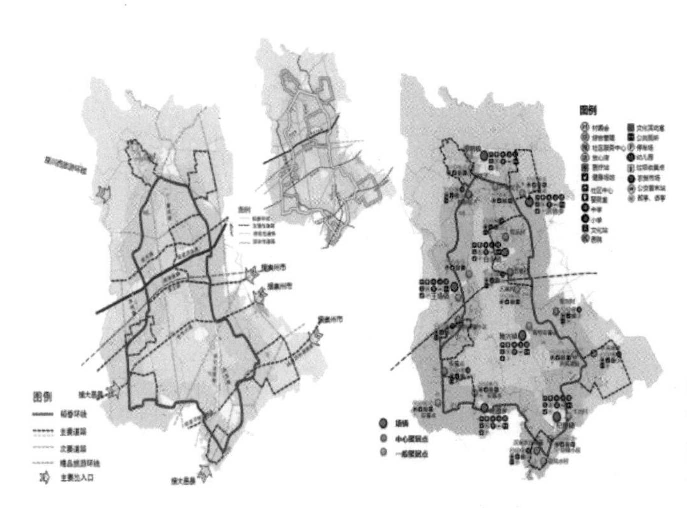

图 4-41 道路及绿道体系规划

图 4-42 聚居点公服设施体系规划

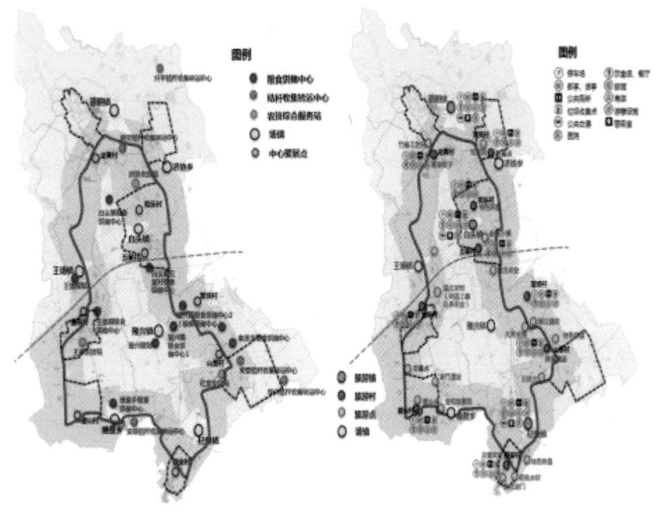

图 4-43 农业服务设施体系规划

图 4-44 旅游服务设施体系规划

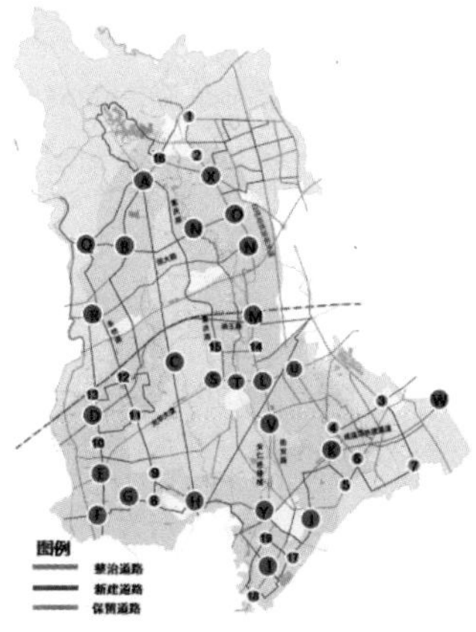

道路编号	现状宽度（米）	规划宽度（米）	路面类型	项目建设周期	措施
A-S	12	12	沥青砼	2015-2016	保留，强化道路两侧功能
A-B	3.5-5.0	6.5	沥青砼	2015-2016	拓宽
C-D	0	12	沥青砼	2015-2016	新建
D-F	3-3.5	6.5	沥青砼	2015-2016	拓宽
F-I-K	6.5-7.0	7	沥青砼	2015-2016	保留，强化道路两侧功能
K-U	5.0-6.0	6.5	沥青砼	2015-2016	拓宽
L-M-O	6.0-6.5	6.5	沥青砼	2015-2016	拓宽
O-A	2.0-3.0	6.5	沥青砼	2015-2016	拓宽
I-V	8.0-9.0	10	沥青砼	2015-2016	拓宽
U-L	24	24	沥青砼	2015-2016	保留，强化道路两侧功能
N-R	0	12	沥青砼	2015-2017	新建
C-M	7.5-8.5	12	沥青砼	2015-2017	拓宽
A-H	3-3.5	6.5	沥青砼	2016-2017	拓宽
Q-H	6.5-7.0	20	沥青砼	2016-2017	拓宽
D-R	3-3.5	6.5	沥青砼	2016-2017	拓宽
E-T	5.0-6.0	6.5	沥青砼	2016-2017	拓宽
P-X	24	24	沥青砼	2015-2016	保留
W-Y	0	50	沥青砼	2015-2017	新建
1—O	3.0-4.0	6.5	沥青砼	2015-2016	拓宽
O—2	2.5-4.0	6.5	沥青砼	2015-2016	拓宽
2—3	3.5-4.5	6.5	沥青砼	2015-2016	拓宽
4—5	2.5-3.0	6.5	沥青砼	2015-2016	拓宽
5—6	4.5-5.0	6.5	沥青砼	2015-2016	拓宽
6—7	2.5-3.5	6.5	沥青砼	2015-2016	拓宽
3—7	6.5-7.0	7	沥青砼	2015-2016	保留
8—9	3.0-3.5	6.5	沥青砼	2015-2016	拓宽
10—11	2.0-2.5	6.5	沥青砼	2015-2016	拓宽
11—12	2.0-2.5	6.5	沥青砼	2015-2016	拓宽
12—13	2.0-2.5	6.5	沥青砼	2015-2016	拓宽
14—15	0	6.5	沥青砼	2015-2016	新建
16—A	0	6.5	沥青砼	2015-2016	新建

图 4-45 道路建设改造项目

4.3 以四态融合为导向的特色镇规划

人口梯度转移是统筹城乡的重要内容，是新型城镇化的必然趋势。特色镇作为接纳区域人口转移的重要组成部分，其规划编制需要综合考虑“业态、形态、生态、文态”四态融合发展，以坚实的产业发展为基础，保持良好的生态环境，创造形态优美的城镇空间，展示独特的文化魅力，为城镇的可持续发展打下基础。

4.3.1 模式创新－邛崃市“羊安——冉义”统筹规划

冉义镇利用土地综合整治和高标准基本农田建设契机，开展“整镇推进”新农村建设，项目成果受到了省市乃至国家部委的肯定，也为新常态下的城乡统筹探索了新路径。

4.3.1.1 规划概况

冉义镇作为成都市首个高标准基本农田示范区，通过土地综合整治，推进人口向城镇转移，城镇规划与建设结合羊安镇“产业新城”的发展，构建起快捷的交通体系，配套了高效公共服务设施，优化出高质的生态资源，实现了参与新农村建设人口（24100 余人）约 80% 进镇，城镇人口到达 22750 余人，城镇化率约 75%。建设成集中连片、设施配套、高产稳产、生态良好、抗灾能力强，与现代农业生产和经营方式相适应的基本农田，建设成为现代农业试验示范基地。

4.3.1.2 建设模式

统筹规划重点考虑人口梯度转移问题，按照“宜聚则聚，宜散则散”、“进镇入点”原则，冉义镇全镇 11 个村同步开展土地综合整治工作，按 60% 的城镇化率，70% 的聚居度的人口转移的目标，做大做强场镇，引导群众向城镇集中。

同步开展土地利用规划城乡规划修编，统筹推进土地利用规划与场镇总体规划两规合一，统筹思考区域城镇发展对冉义镇人口聚集的影响，将冉义镇纳入“羊安经济区”统一规划，优先配置生态绿地与公服设施，优化羊安冉义交通组织，规划建设“九龙大道”、“义渡大道”，落实省市产业发展政策，推进“成甘工业园区”在羊安落地，就地解决城镇化人口就业。以土地整理增减挂钩为途径，为推进人口聚集提供资金保障。（图 4-46）

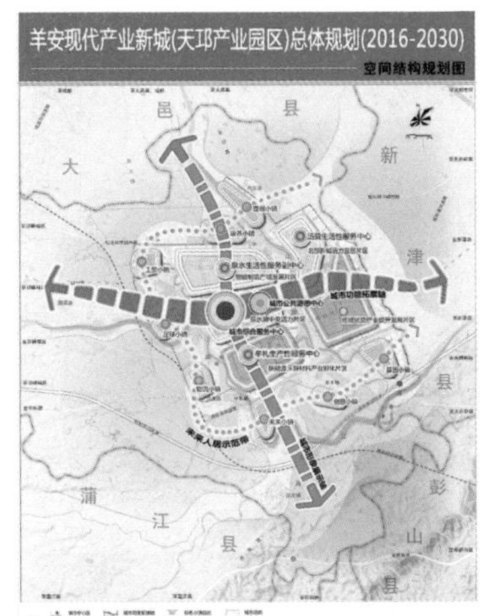

图 4-46　羊安新城镇村结构

图 4-47　羊安新城鸟瞰

图 4-48　实景

图 4-49　村民生活场景

图 4-50　政务中心

图 4-51　幼儿园

4.3.1.3 四态合一，特色纷呈

（1）肌理梳理，尽显空间形态魅力

规划根据地形特点，按照 “低层、高密度” 的空间形式布局，构建 “小街区” 制的开放社区，组团内街（巷）与城镇街道形成尺度对比鲜明，肌理清晰（图 4-47，图 4-48）。

规划对场镇空间进行了总体优化，依托特色文化街和底商生活街两条十字交叉道路，将规划的集镇商贸市场、政务服务中心、体育健身广场、文化活动广场等设施汇集起来共同形成空间开展、功能复合、形态多样的场镇新中心，能形成聚集效益，提升场镇魅力。

在配套功能上，沿东西走向，串联老场镇的卫生院、市场、幼儿园、文化站，并按新村总建筑规模的 5% 配建底商业，在场镇中部构建起商业街，与规划的场镇新中心、社区公共开敞空间构建生活配套齐全的功能复合生活街区（图 4-49 ~图 4-51）。

图 4-52 景观节点

图 4-53 高标准农田

图 4-54 场镇公园

（2）依托自然格局，凸显川西生态之美

三万亩高标准农田，一望无垠，形成了邛崃市乃至成都市域内视野最开阔的农田景观。规划提出“蝉鸣稻香”的生态名片，以大地为景观，塑造景田相融的乡村形态：沿万亩高标准农田产业环线，在重要节点、视线焦点处，以农历节气、农事活动等为主题串珠式布局景观节点，在万亩农田内通过植物颜色差异进行图案创意，体现农趣、农雅等展现万亩高标准农田特色和地域文化特色（图 4-52，图 4-53）。

以水系为核心，构建场镇生态亲水长廊：保留集镇新村建设范围内原 3 ~ 5 米宽的有天然沟渠，通过生态化、景观化改造为 20 ~ 80 米宽生态景观廊道，并结合了冉义农耕文化，形成穿越镇区蜿蜒流淌 3000 米长的以水系为核心的生态、文化长廊（图 4-54）。

（3）连片发展，展现综合业态活力

在产业发展方面，统筹确立了连线发展带：邛州大道高端农业示范带——沿

图 4-55　乡村文创旅游

图 4-56　特色产品

邛州大道发展集约式、经济型、现代化农业，建设 10 万亩粮油产业综合示范区。

沿斜江河城市发展带—串联安仁镇、冉义镇、羊安镇，以斜江河为重要的景观轴线，构建集博览文化观光、生态田园游览、滨河休闲游乐、高品质农田参观、特色林盘展示为一体的综合发展带。

积极融入"羊安新城"建设，为羊安新城提供优质生态旅游，农创产业提供载体，推动产镇融合，促进小镇复兴。突出"现代农业特色"，开展试验田，水稻制种产业，对接羊安镇"成都种业园区"实现产业互动（图 4-55）。

（4）文旅结合，文态引领产业高端

依托万亩高标准农田和冉义"贡米"生产的历史，培育并注册 "冉义"贡米品牌，依托成都军区军供粮加工基地，采用代加工的方式，"互联网 +"现代农业，加强与政府食堂、京东合作，实现订单式销售。引进"本该如此"农业科技公司，加强对投入品和种植过程的品质把控，逐步实现产品的全程透明溯源，不断改进完善"贡米"精品产品（图 4-56）。

依托现状酒厂和水系，引水入镇，围绕文化创意，对酒厂进行更新改造，在中上游开展乡土文化精品集群建筑实践，规划集观光、休闲、文化体验、艺术

图 4-57 特色街与观光区规划

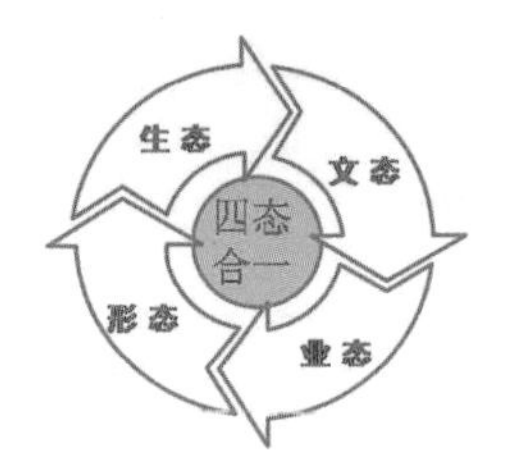

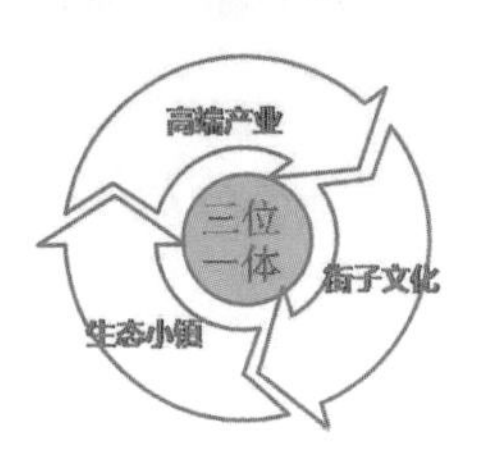

图 4-58 产业布局结构

创作等为一体的中高端商业特色街与观光区（图 4-57）。

4.3.2 四态合一 — 崇州市街子镇提升规划与实施方案

4.3.2.1 规划概况

街子镇是国家 AAAA 级风景旅游景区，是国家环境优美乡镇，四川省历史文化名镇，成都“十大魅力城镇”、“最具人文价值的城镇”、“五大天府古镇”，是成都市优先保护重点镇。

为全面提升街子古镇的品质和形象，引入“四态合一”理念，创新编制了街子镇综合提升规划，并开展相关规划专题研究，确定了街子古镇“青城街子，怡养小镇”的总体定位，明确了打造“成都名片、西部第一、国内一流、国际知名”的发展目标，并提出了争创国家 5A 级旅游景区的实施计划（图 4-58）。

图 4-59　街子古镇风貌

4.3.2.2 特色与创新

（1）明确目标，总体定位

明确街子镇“成都特色旅游名片、天府古镇第一品牌、中国怡养第一古镇、世界禅修知名胜地”的总体目标，发展怡养主体产业，突出“秀山、理水、营田、育林、优街”的五大设计原则，建设国家 5A 级景区、国家生态示范小镇 、青城山国际旅游度假区重点区域、山林禅修养生度假区。

（2）四态合一，统筹规划

规划在“四态”上做足文章：文态上，体现蜀韵诗禅的诗画意境，传承川西文化，打造文化旅游名片；生态上，展现山水田园的自然环境，打造生态小镇标杆，提升山河街院景观；业态上，升级产业结构，打造怡养闲逸的服务产业；形态上，呈现“藏龙栖凤”的深层喻意，优化城镇格局，打造古镇核心吸引。规划突出怡养主题，将街子古镇提升为怡养休闲度假古镇。以四态合一为规划理念，鼓励发展健康产业、旅游度假、医疗疗养、中医理疗产业发展，全力打造国内首个全域、全概念的怡养古镇；融入时尚概念、现代建筑元素，打造国内最具时尚魅力的休闲古镇；努力引入国内首个生态农田景观超五星级主题酒店，打造国内规模最大的山林禅修养生度假区（图 4-59）。

（3）核心示范，确保实施

梳理“三街八巷、两河四桥、六场九院、九大体验”等近期实施项目，明确项目建设时序、世界节点资金来源、投入建设估算和项目收益估算，确保项目的可实施性。面对土地利用需调整、市政配套需完善、景区管理需创新、投入产出需持续等难题，制定出四部实施计划，按近期与远期、整体与局部相结合的方式，逐一攻破，确保落地。

4.4 以三生共荣为导向的村庄规划

当前，农村地区发展乏力、基础设施薄弱、收入增长缓慢等问题是较为普遍现象。成都市村庄规划编制工作关注乡村地区“生产、生活、生态”的综合转变，以产业发展推进农村地区生活水平的提高，提出了“产村相融”、“小组微生”、“林盘改造，有机更新”等理念，并在实施当中逐步完善，建设了一批高水平发展的优秀乡村。

4.4.1 “产村相融”理念下的新村建设——蒲江县甘溪镇明月村

蒲江县甘溪镇明月村通过推动产业转型，促进结构优化，推进明月国际陶艺村项目建设，探索出特色鲜明的文化创意产业与乡村旅游互动、产村一体、共创共享发展新模式。明月村现已成为成都新型知名乡村旅游目的地和成都新农村建设示范点。2015年，明月村农民人均纯收入14244元，同比增长13%以上。

4.4.1.1 规划概况

蒲江县甘溪镇位于大五面山地带，地处蒲江、邛崃、名山三（市）县交汇处，属浅丘地区，历史悠久，民风淳朴。辖区内的明月村曾经是市级贫困村，与甘溪镇龙泉社区、新民村、邛崃市临邛镇比邻，辖15个村民小组，723户，总人口2218人。全村辖区面积6.78平方公里，森林覆盖率46.2%，耕地面积3688.79亩，农业以粮食生产为主。

规划定位于“中华手艺魂，城乡田园梦”，以散落在生态田园间的“艺术家集群和文化创意集群”概念，建设明月国际陶艺村，实现区域文化传承、产业融合、农民增收、生态保护、新农村建设的和谐统一，探索产村相融的发展路径（图4-60）。

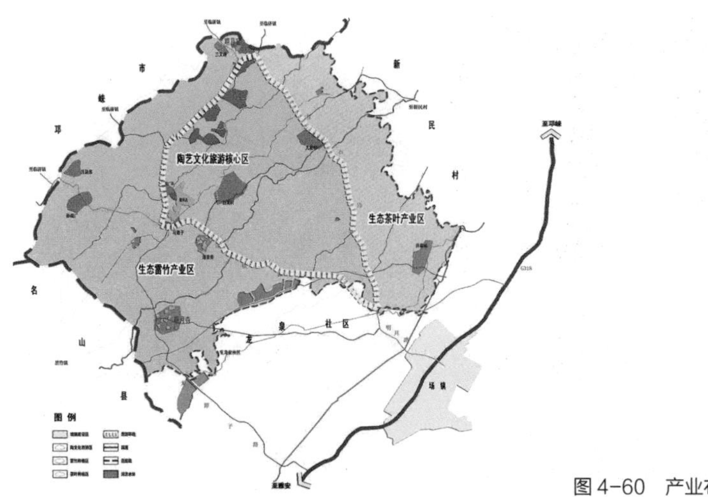

图 4-60　产业布局结构

4.4.1.2 特色与创新

（1）以特色农业为基础，树立品牌，带动增收

规划以明月村为核心，带动新民村、龙泉社区等大力发展雷竹产业，积极引导明月村村民引进笋，用竹产业改造荒山荒坡、低产农田。至今全镇雷竹种植面积 10000 亩，认证有机雷竹笋基地 6000 亩；明月村雷竹种植面积达 6000 亩，现已建成明月村雷竹示范园区 2000 余亩，增温覆盖示范园 170 亩，年产笋量达到 3000 余吨。

树立品牌意识、发展品牌农业，是实现农业增效、农民增收的一条重要途径。明月村开发注册了“甘溪雷竹笋”系列产品，通过实施营销战略，“农超对接”，以市场为导向培养合作社自己的营销队伍，抢占市场高端。现产品已占领成都及周边城市雷竹笋市场，远销重庆、成都、德阳、广元、雅安等地，成为成都市最大雷竹笋生产基地，被称为“西部雷竹之乡”。在雷竹产业发展上力求“稳中求进”，突出有机、生态特色，发挥品牌效益。2012 ~ 2015 年，连续成功举办四届雷竹笋品鉴会，受到省市县各级领导和媒体的广泛关注，有力促进竹笋购销、交流、商贸。通过延伸产业链条，推动鲜笋加工、干笋制作、竹料制品等，实现了一二三产业互动。另外，还通过专合组织利用现代农业的组织和管理形式，加强规划和技术指导，改变村民一家一户单打独斗的局面，使农民进入市场的组织化程度不断提高，增强抵抗市场风险的能力。

（2）以文创产业为核心，一三产联动，辐射全镇

2015 年，甘溪镇围绕“绿色蒲江 · 生态新城”的功能定位，为深入推进“三

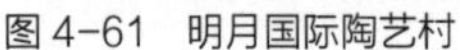
图 4-61 明月国际陶艺村

图 4-62 明月村邛窑

基地一新城”建设，根据本地实际情况，因地制宜着力打造明月国际陶艺村项目建设。国际陶艺村依托村内 6000 亩雷竹、3000 亩生态茶园，4 口古窑等资源，以陶文化为主题，以 187 亩陶艺手工艺文创区为核心，吸引陶艺家、知名传统手工艺专家、手工艺收藏家入驻，形成以“陶艺”为特色的艺术家集群和文化创意集群，形成“明月窑”、“蜀山窑”、“扫云轩”、“蓍桃”等陶瓷创意品牌，发展文化创意产业；逐步带动周边村社发展乡村旅游业，将重大项目与当地经济发展有机衔接；最后辐射至全镇范围，实现以文化为抓手，带动新农村旅游发展的产村融合目标，打造特色鲜明的甘溪陶艺小镇（图 4-61，图 4-62）。

（3）以村民为产业项目主体，搭建共享平台，共同致富

明月村通过设置乡村旅游合作社的方式搭建文创平台，创造多条增收渠道，让村民积极参与项目建设，提高了旅游配套服务能力，实现了村民的共同致富。这些项目主要有接待设施建设、专业合作社、文创项目等，并依托现有川西林盘院落建设的民间乡村博物馆，形成独具特色的林盘手工艺博物馆聚落区。

规划接待设施以家庭旅馆和改造流转院落为主，目前结合群众意愿已经建成家庭旅馆 50 余间。闲置院落的流转是按照明月国际陶艺村整体规划，将闲置的农房流转给艺术家，在不改变原有的土墙、青瓦结构，突出和保留原有的农家林盘院落基础上改造。目前已完成了远远的阳光房、蜀山小筑等 4 个院落改造，正在进行明月风艺术民宿、篆刻传习所等 11 个院落改造项目。农户通过流转空置院落可获得每年 5000 ~ 8000 元不等的房屋租金收入，还可获得院落管理工

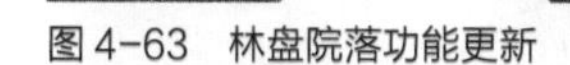

图4-63 林盘院落功能更新

图4-64 远远的阳光房林盘改造后效果

图4-65 蜀山小筑林盘改造后效果

资收入（图4-63～图4-65）。

政府牵头成立的专业合作社统筹明月村旅游资源，负责乡村旅游配套项目运营，年终合作社进行财务决算，入股社员按照入股比例进行分红。明月乡村旅游专业合作社于2015年3月注册成立，通过鼓励农户入股，政府、村集体按1：1：1比例配备相应资金，组成合作社运营资本。2015年，合作社通过社员大会议定聘请了专职经理，并在国庆期间推出荷塘茶社、手工烘焙坊、陶艺体验坊、柑橘园采摘、自行车骑游等项目，实现运营收入3万余元（图4-66）。

明月国际陶艺手工艺文创园区是明月国际陶艺村项目核心区，通过引进17个文创项目，打造以陶为主的手工艺创意聚落和文化创客聚落。目前已引进YOLI美术工作室、宁远工作室、呆住堂艺术酒店等10个文创项目，已建成3个文创项目，解决剩余劳动力就业100余人。三年后明月国际陶艺村建设将全部完成并美丽呈现，届时预计实现剩余劳动力就业上千人，乡村旅游年游客量将达到100万人次，实现旅游年收入上亿元。

2015年，明月国际陶艺村被评为四川省第二批文化产业示范园区，四川省第

图 4-66　明月湖

图 4-67　明月村文创展场

一批乡村旅游创客基地。目前明月国际陶艺村已引入文创项目 30 个，文化创客一百余名。文化中心、文化站建成已投入使用。许多在外务工的村民主动返乡创业，主动加入明月旅游合作社，形成共创共享幸福美丽新乡村的美好画卷（图 4-67）。

4.4.2 “三生共荣”理念下的扶贫新村建设——金堂县赵家镇平水桥村

从 2013 年起，为落实从国家到省市层面的农村地区扶贫开发部署，成都市作为全国城乡统筹示范区，针对全市目前仅存的近百个贫困村，率先打响了农村扶贫攻坚战，力争以精准扶贫为抓手，早日实现全面小康。2013 年，平水桥村被成都市委选为重点帮扶对象之一，经过历时三年的动态规划与实施，已经摆脱了落后的形象，面貌一新。

4.4.2.1 规划概况

平水桥村位于成都市金堂县远郊，面积 5.2 平方公里，户籍人口约 4500 人。由于地理位置偏僻，基础设施落后，该村居民收入低，生活生产水平亟待改善。规划工作探索产业扶贫造血机制、国土指标就地转化新途径，重点关注“生产特色化、生活品质化、生态景观化”三生共荣的生态村建设新模式。

4.4.2.2 特色与创新

（1）扶贫工作三步走，探索乡村地区可持续发展的“造血机制”

平水桥村的规划建设与扶贫计划充分结合，从经济发展到空间规划，再到生态提升，一步步引领平水桥村迈向幸福美丽小康村，并探索出一套阶梯式的行动计划，为扶贫工作注入“造血机制”。

首先，创新分配模式，保障村民收入增速连续三年全市领先。本次规划提出农民以土地入股的方式建立新型经营模式，保证就业岗位与经济收益公平分配，同时产业规划全部以具体项目落地，保障当地居民人均年收入增长率达到 29%，真正体现扶贫规划价值。

其次，建立家庭农场，吸引劳动力回流，避免农村地区空心化。规划首次从“家庭农场”角度切入展开研究，将全村 12 个新农村综合体划分别划分为 2 ~ 4 个家庭农场，大幅提高产出效率和经济收益，成功吸引当地外出务工劳动力回流。

再次，更新林盘功能，传承乡村文化基因，增强旅游吸引力。本次规划探索出“将普通民居更新为特色民宿”的建筑空间置换模式，并提出由政府、投资商及屋主三方共同主导的特色民宿经营实施机制，有效带动村民参与积极性。

（2）两规合一，探索国土指标就地转化新途径

本次规划与国土部门合作，在保证建设指标总量不增的前提下，优化原有用地布局，同时提出将多余土地指标就地留用，完善公共设施的操作方案，最大限度保障村民权益。

（3）紧扣“三生”共荣，推行生态村建设新模式

本次规划从精准扶贫层面重点关注“生产、生活、生态” 的综合转变，深入三项专题针对性地展开研究，以经济发展与扶贫增收为本，以产村相融与空间规划为纲，以生态保护与乡愁文化筑魂，保障“生产特色化、生活品质化、生态景观化”三生共荣。

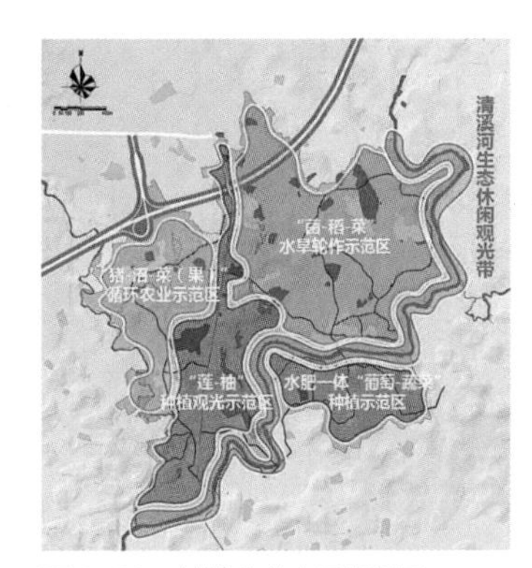

图 4-68　村域产业布局规划图

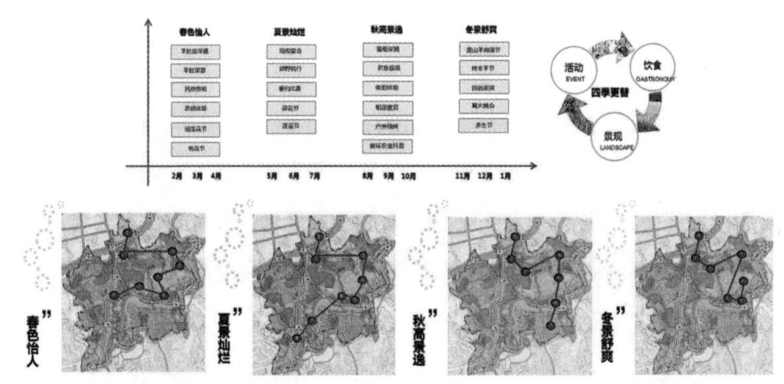

图 4-69　四季旅游景观规划图

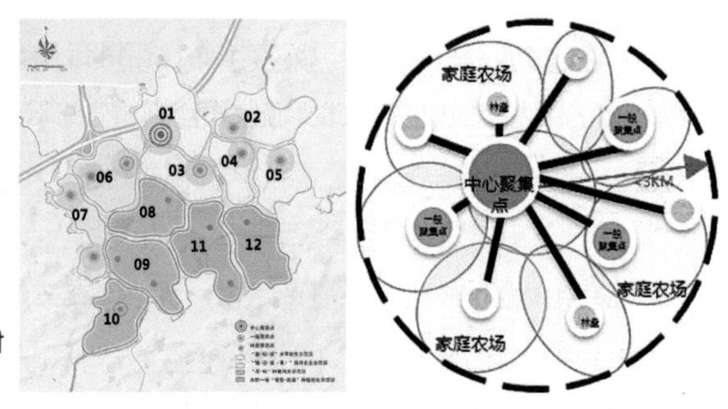

图 4-70　村域新农村综合体划分图

生产特色化通过农业“夯基础”、旅游“强特色”，强调产业增收（图 4-68）。

夯基础：平水桥规划三部曲，在明晰以循环农业为主的产业发展路径的基础上，整合平水桥村原有产业种类，建立互动联系，完善产业链条，形成“一带四区”以“循环轮作”为特色的产业空间布局结构。依据平水桥自身特色构建“猪—沼—菜（果）”“菌—稻—菜”“水旱轮作”“莲—柚”种植观光、水肥一体“葡萄—蔬菜”种植示范区，实现种植空间、时间、材料的全方位循环利用，成为成都市首个循环轮作满覆盖示范村。

强特色：在此基础上，运用创意民宿引领乡村旅游，将传统农家乐升级为集“吃住行、游购娱”于一体的特色民宿，针对每处民宿定制创意游乐主题；将游憩活动、特色美食与特色景点组合策划，令平水桥村乡村旅游竞争力在成都地区脱颖而出（图 4-69）。

生活品质化强调产业格局调整和配套设施补充，统筹考虑城乡风貌的整治。

定格局：产村相融营造便捷生活新空间。以种养项目为基础，以家庭农场为单位，划分 12 个新农村综合体；每个新农村综合体包含 2 ~ 4 个家庭农场，提高生产效率，实现产村相融；考虑农村人口梯度转移及生产资源就业承载力，判定单个新农村综合体合理人口规模；对各综合体分级分类配套设施，实现村民乐享生活（图 4-70）。

图 4-71　建筑风貌整治

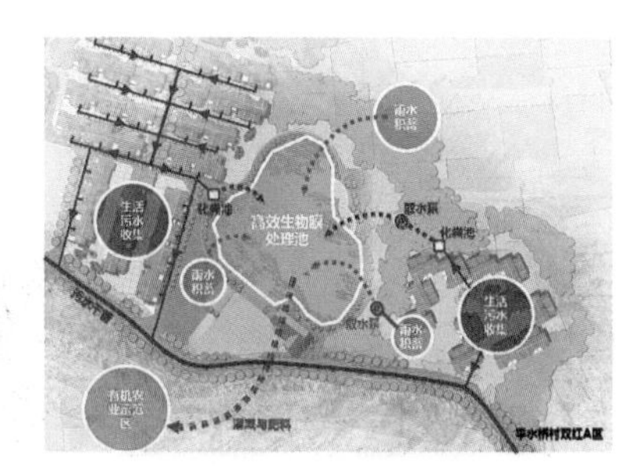

图 4-72　综合生态循环示意模式

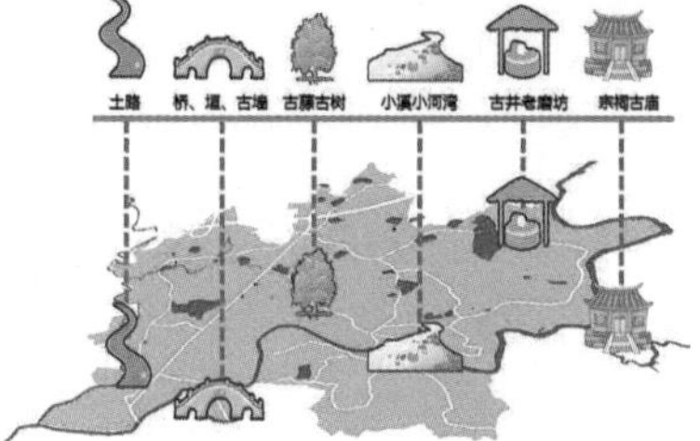

图 4-73　乡愁记忆保留图

优风貌：精准整治实现低额投入大效果。避免纯粹建筑风貌整治带来的资金浪费，确保扶贫资金的精准使用；遵循“小整治大效果”的原则，为每座保留林盘量身打造风貌优化方案；将扶贫资金精准用于“刀刃”上，采取最简单可行的措施对各林盘关键部位“开刀”（图 4-71）。

生态景观化体现在农村污染源整治和生态环境改善，传承乡土文化。

控污染：生态基建保障建设开发低影响。将全村污水处理、固废处理、面源污染等方面纳入综合生态循环体系统一考量；以生物处理池、湿地等低成本生态基础设施支撑规划落实，在保证全村生产生活零污染的同时亦增加了生态景观。本次规划将生态村建设工作转化为 18 项具体空间指标要素，形成规划层面的指标体系，并给予针对性举措，使规划内容集指引与操作于一体，形成成都地区的生态村建设新范本（图 4-72）。

融乡愁：记忆传承助力村庄更新留住根。规划对村内传统空间要素进行梳理，制定乡愁记忆要素保留利用标准；保留和优化林盘固有空间格局，使之作为展示乡愁记忆的物质载体（图 4-73）。

家庭农场

清溪葡萄酒庄

高标准农田

清溪河生态环境

图 4-74　实施效果

（4）动态跟踪，连续三年协调落实帮扶资源

将规划内容细化为48项具体建设项目，按照“先脱贫后致富，先完善后品牌”的指导思想给予时序安排，同时持续三年跟踪协调帮扶诉求与资金分配，保证扶贫资源精准使用，扶贫项目全部实施（图 4-74）。

4.4.3 “小组微生”理念下的灾后重建新村建设——邛崃市高何镇寇家湾

“小规模、组团式、微田园、生态化”的理念，是现阶段成都市统筹城乡建设工作中对农村型新型社区建设要求的高度概括。“4.20”芦山地震灾后重建工作中，农村新型社区建设工作即贯彻了“小组微生”理念，达到了良好的实施效果。

4.4.3.1 规划概况

寇家湾安置点地处邛崃市高何镇毛河村，是“4.20”芦山地震灾后重建首批示范点之一。安置点以“山水田园寇家湾，生态旅游新村落”为总体定位，深入研究“小组微生”理念，进一步强化了新农村建设在选址、布局上与自然山水的有机融合以及对生态、田园环境的保护策略，强调通过精细化设计充分彰显川西地域文化和传统风貌特色。

4.4.3.2 特色与创新

（1）科学选址，灵活布局，保护村落原有特色

选址阶段在注重安全的基础上，更加强调对生态环境的保护，根据国土的地灾、基本农田等资料划定了生态安全控制区，一方面提出“山区下山”、“丘区集聚”、“坝区做精”规划原则，引导农村人口向安全线外转移，向坝丘区转移。另一方面新选址点位要求尽可能不占良田耕地，满足安全的前提下“上山、上坡、进林盘”的原则。选择河谷中部田园与山体的过渡区或滨水的一、二级台地上，地形有一定坡度变化，坡度在15°以内适宜建设的用地，尽可能结合现有林盘宅基地进行改造，利用原有的道路、绿化、基础设施，有利于保护山水、田园景观、改善原有村庄的环境，又能节约投资，保护耕地，又突出特色（图4-75）。

（2）“小组微生”的具体实现

“小规模”指农村新型社区一般规模控制在300户以内，遵循宜聚则聚、宜散则散的原则，因地制宜，不讲片面集中。该安置点总建设用地1.47公顷，安置总户数73户，共238人。

“组团式”强调在充分结合林盘保护、老旧院落改造进行选址，避免占用优质农田，尽量利用现状集体建设用地、非耕地等低效用地；充分利用缓坡、台地、林盘等自然格局形成优美的建筑天际轮廓线。该安置点分4个组团、5个院子，顺应等高线或垂直等高线布置，每个院子14~18户，院落控制在2~3进，南北纵深控制在70~90米，东西向宽度控制50~80米以内，院落间距20~25米，山体与田园之间视线廊道通透，保证户户看得见山，望得见水，看得见田园（图4-76）。

“微田园”和“生态化”体现的是生态优先与保护本地文化的原则，避让风景名胜区、历史文化保护区等核心区域，以及水源保护区和生态隔离区；结合自然水系，顺应地形地貌，“不挖山，不填塘，不改渠，不毁林，不改变原有道路肌理”，避免对山水等自然风貌的遮挡和建设性破坏，保留新型社区内部与周边田园生态景观的通透性；依托古树、古桥、古庙、古井、古祠堂等历史人文要素，顺应传统生活习惯，

寇家湾安置点，强调维持乡村田园风貌，组团间绿化保留原有农田、树木与田园肌理；景观铺装上就地取材，选取乡土作物进行种植，形成“小菜园”、“小果园”的微田园风光，避免景观的城市化和人工化（图4-77）。

（3）传统特色发掘运用，传统空间进现代演绎

规划以川西住宅院落为基本单元，将传统的封闭院落演变为半开放式合院

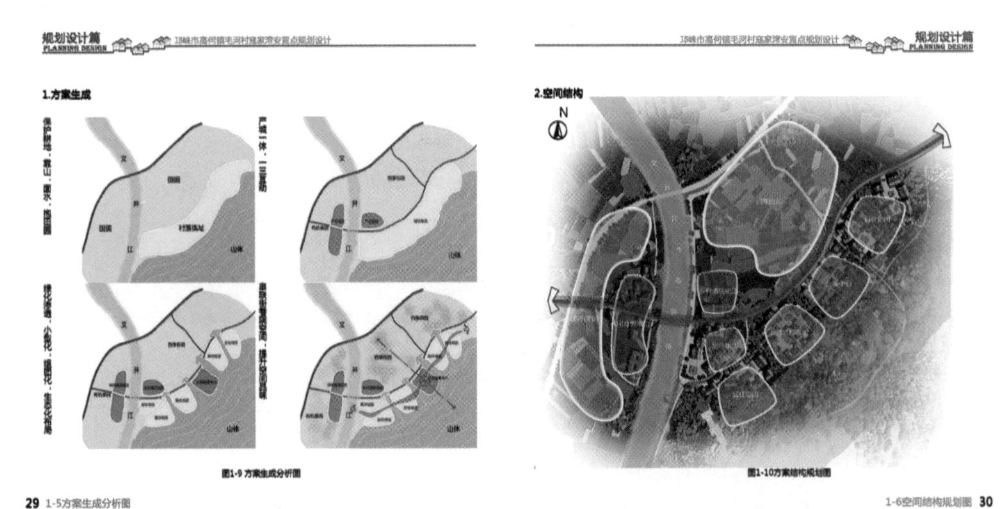

图 4-75　规划选址

图 4-76　鸟瞰

形态，结合台地形成 2~3 进大小不同、形态各异的院落空间，每个院子高差控制在 2 米左右，通过内部空间的变化，形成高低错落、富于特色的山地村庄聚落。院落与院落之间通过路、街、巷等交通体系进行串联形成串珠状的组团空间结构。院落及组团之间留出 20~25 米左右绿带分隔，使山体及周围的田园景观与院落空间相互渗透，互为对景。

同时建筑设计以 2~3 层的低层建筑为主，建筑单体设计在突出川西民居特色的基础上强调建筑细节的刻画，如檐口、门廊、院门、铺装的图案、材质的变化，增加风貌的多样性（图 4-78）。

图 4-77　寇家湾新村环境

图 4-78　寇家湾新村环境

图 4-79　产业预留空间

（4）激活内生动力，预留产业提升空间

除满足居住功能的需要外，规划阶段就充分考虑未来旅游接待功能的拓展，设置了乡村酒店、客栈、停车场、特色农产品的销售点；在建筑功能上考虑住宅空间及功能的可变性；大力发展现代观光农业、特色种植、养殖业，同时结合自然山体、水系优良的生态资源发展特色乡村旅游（图 4-79）。

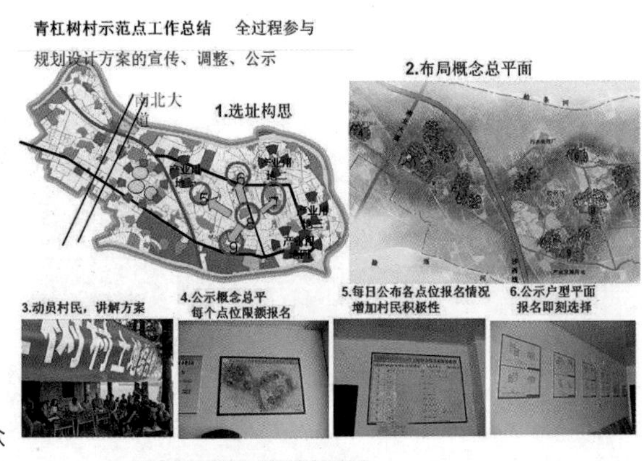

图 4-80　青杠树村规划公众参与过程

4.4.4 公众参与理念下的新村建设——郫县三道堰镇青杠树村

成都新农村建设工作注重群众的参与，做到了规划选址群众参与、方案设计群众认可、规划效果群众满意、政策群众知晓、建设方式群众议定。青杠树村新村建设过程中充分体现了群众参与规划、监督建设、民主决策的理念贯彻。

4.4.4.1 概况

成都市郫县三道堰镇青杠树村位于郫县三道堰镇东南，村域三面环水，沙西线穿村而过，辖 11 个社，有 932 户、2251 人。青杠树村遵循市场化原则和民主化方式，以农村土地综合整治为载体规划建设了“小规模、组团式、生态化”展现川西民居特色的新农村综合体。全村规划建设 9 个聚居组团，安置 799 户、2054 人。全村农户参与率达 97.1%。截至 2014 年 6 月，已完成 9 个聚居组团共约 10 万平方米的农民新居、公共服务配套设施和基础设施建设，入住率达到 95% 以上。

4.4.4.2 特色与创新

（1）规划设计全程尊重村民意愿，坚持有效的群众参与

青杠树村在规划前期强调公众参与的重要性，倡导更为开放性的规划设计过程，制定了一套行之有效的规划设计方法：设计单位踏勘现场→提出初步概念方案→群众大会宣讲方案→选址局部调整→选址公示、各点位限额报名→每日公布点位报名情况→户型平面征求意见→入住群众选择户型→细化调整总平设计→布局动态微调（图 4-80）。

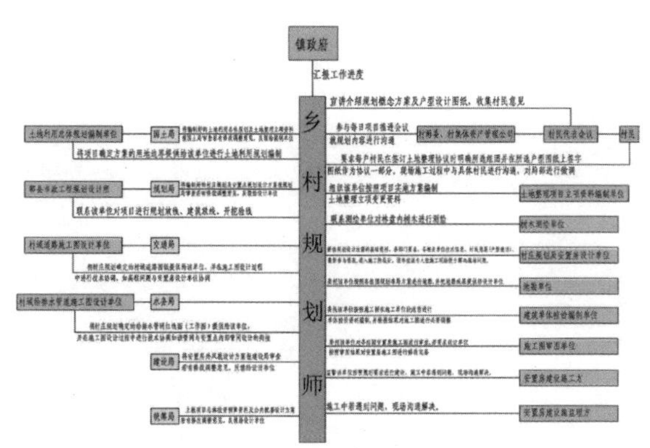

图 4-81　乡村规划师全程参与流程图

图 4-82　建筑放线

规划阶段充分征求村民意愿能有效降低设计方案与百姓实际诉求间的冲突，避免了过程中的反复，大大提升了设计周期。

（2）乡村规划师全程参与，促进项目实施

在项目推进过程中，乡村规划师深入村集体了解村民意愿，代表村集体与 12 个相关委托单位及 6 个相关部门进行协调沟通，保证规划设计方案如实反映村民意愿、符合各管理部门技术要求，保证了规划的刚性执行（图 4-81）。

实施过程中，乡村规划师参与的现场工作中包括原生植株保留、用地边界范围确定、预留地块分布及使用、总平实施过程中微调管理等，不仅确保与群众的沟通及时到位，也进一步保障方案落地实施的可靠性（图 4-82）。

（3）创新实施主体，坚持民主决议，发挥集体智慧

项目所在地三道堰镇政府及村两委、村集体资产管理公司成立村土地综合整治领导小组，牵头负责新村建设实施过程中的政策引导和业务指导。按照“统一规划、分步实施”的原则，根据农户自愿参与的情况，成熟一片、整理一片，先行启动农户参与程度高、签订协议快的集中居住点建设（图 4-83，图 4-84）。

按照“农民主体、政府引导、市场运作”的思路，遵循“自主、自愿、自治”和“公平、公开、公正”的原则，青杠树村由自愿参与土地整治的农户以现有宅基地及集体建设用地使用权入股，组建村集体资产管理公司作为实施本次新村建设的主体。在实施过程中所涉及的拆旧标准、安置原则、收益分配机制等，均由集体资产管理公司按照民主程序讨论决定，农民集中安置点建设中的施工队比选、工程质量监管等事项，均由集体资产管理公司负责实施。

图 4-83 青杠树村实景航拍

图 4-84 青杠树村实景

4.4.5 基层治理改革下的新村建设——大邑县苏家镇香林村

4.4.5.1 概况

大邑县苏家镇香林村位于“安西走廊”沿线，总面积 4 平方公里，辖村民小组 22 个，农户 1054 户，是大邑县深化村公改革工作试点村之一。该示范点采用“小组微生”理念规划设计，于 2013 年 8 月开始实施，2014 年 5 月建成。结合示范点建设，香林村积极探索村级基层自治的方式方法，村公改革成效显著，积累出了一套切实可行的经验。

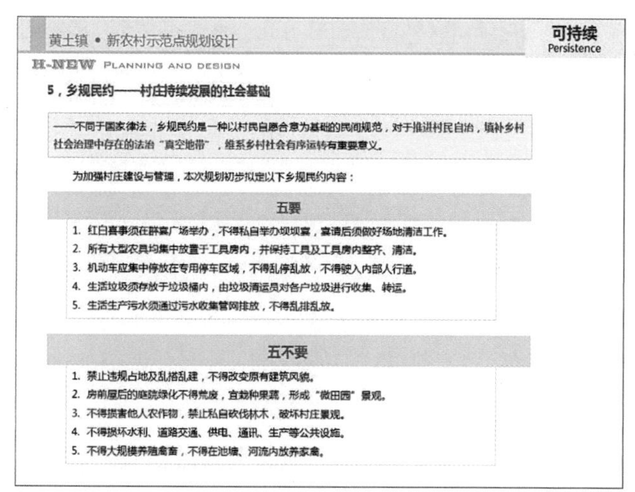

图 4-85　香林村乡规民约主要内容

4.4.5.2 特色与创新

（1）村民议事会作为村级自治事务的决策机构

香林村首先将“以人为本”作为前提，坚持“民事民议、民事民定、民事民办”的原则，通过选举产生了村民议事会和村民监事会，作为村内群策群力的重要抓手。在新村建设过程中，香林村通过村民大会、议事会、坝坝会等形式，引导村民参与其中，充分调动了村民积极性，让农民在新农村建设中“唱主角、挑大梁”，把自己的家园建设成为真正的幸福美丽新村，让新农村建设更“接地气”。

大邑县遵循“建的好，还要管得好”的理念，在新农村建设过程中坚持建管同步，探索农民自我管理的社区规范。为了填补乡村社会治理中存在的法治“真空地带”，维系乡村社会有序运转，议事会以“民主管理、民主参与、民主自治”为原则，从规划管理层面制定了乡规民约。乡规民约的内容包括“红白喜事须在群宴广场举办，不得私自举办坝坝宴，宴请后须做好场地清洁工作”、“禁止违规占地及乱搭乱建，不得改变原有建筑风貌”等“五要、五不要”规约，为新农村示范点环境风貌的长效保持提供了重要的支撑。同时成立宣传组、施行指导组、违约责任督查组，村民与村委会签订《遵规守约承诺书》，保障乡规民约的长期执行（图 4-85）。

（2）村集公共产品供给资金的自组织使用

近年来，村公资金已成为改善农村公共服务和提升基层治理水平的重要保障。在新一轮的改革中，大邑县通过深化村公制度建设，让村公项目全方面、多渠道地晒在阳光下，倒逼乡村规范使用村公资金，从机制上解决了村公资金低效使用的问题。2015 年香林村市县配套村公资金 50 万元，通过议事会，香林村确定了这 50 万元使用的“1+N”公开方式：村委会固定的村公项目公示栏和分散于 22 个村小组的小黑板上的公示详细说明了村公资金的各项用途。香林村还建立了“香林微信群”、“香林微信平台”，及时公示村公项目议决情况。

为满足群众实际所需，大邑县鼓励村大胆创新村公资金的使用，如利用村公资金补助社会组织及志愿者队伍，为留守儿童、空巢老人提供服务。同时，大邑县创新监管方式，全面规范实施优先项目清单、禁止项目清单、重点环节操作规范清单“三项清单”公示制度，并利用印制宣传单、召开小组会等多种形式，将“三项清单”具体内容宣传到户。2015 年，在广泛收集群众意见基础上，对照禁止项目清单，共梳理剔除禁止项目 386 个，议决形成年度实施项目 2228 条，预算资金 11290.94 万元，村公资金使用率达 100%。

（3）以合作社为核心的集体经济组织运营

在产业发展方面，香林村依托规模化农业发展公司等企业，形成“企业 + 基地 + 农户”、“合作社 + 农户”的联结共赢新型经营主体，推动农业生产于精深加工、市场营销、旅游观光的“接二连三”发展，建立了可持续发展的现代农业大邑模式。同时，按照政府引导、农民主体、社会参与的原则，以农村土地综合政治项目、成都市城乡统筹改革示范建设、菜粮基地高标准农田建设等项目为载体，把“财政支持一点、项目投入一点、农户自筹一点”的“三个一点”思路作为指导，创新多元化投入方式，以灵活运用产权改革成果、盘活集体建设用地资源、整合各方“涉农资金”、合理规范利用“村公资金”和引入社会投资等形式多方筹集资金，实现了资金集聚放大效应，有效解决了“钱从哪里来”的问题，建立了新农村综合体建设和后续管理的长效投入机制（图 4-86）。

4.4.6 有机更新理念下的林盘改造——崇州市白头镇合乐林盘

4.4.6.1 概况

川西林盘是成都平原最典型的传统农村聚落空间的代表，随着现代经济社会的发展以及当前“幸福美丽新村”建设的深入，林盘迎来了转型升级的新机遇。

合乐林盘位于崇州市白头镇东部和乐村，林盘内总人口 148 户，474 人，其中 47% 的劳动力外出务工。林盘紧邻桤木河和成温邛高速路，交通设施便利，农业基础较好，生态环境优美，乡土气息浓厚。合乐林盘通过空间整体改造提升，

图 4-86 香林村村实景照片

挖掘乡土特色资源，抓住慢生活背景下都市休闲功能向田园、农村外溢的契机，构建深度体验式的旅游服务体系，打造乡村休闲旅游群落，“造血式”地将原有传统林盘转变为特色突出的旅游村落。

4.4.6.2 特色与创新

（1）适度改造，挖掘特色，保改结合

按照绿色化、乡土化、经济安全的原则和保、改、建的路线，将延续和保持村落传统建筑特色作为首要原则，重点保护具有典型特色的院落，适当整治和改造一般院落，通过对林盘景观节点的打造、建筑外立面风貌的修缮、乡土文化元素的运用和展示、市政环卫设施的完善等措施，切实地改善乡村居住环境，体现特色。

改造方案充分结合农民意愿，以抽稀的方式，抽取交通可达性低，不利于组团式经营、阻碍零散土地整合、阻挡主要视线通廊形成、不利于村落主要节点形成的农户，构建布局紧凑、使用方便、魅力开敞的村落空间（图 4-87）。

（2）完善公服设施配套，提升空间形象品质

合乐林盘改造规划的公共配套设施包括生产、生活服务和旅游配套服务两部分，生产生活配套按照“因地制宜，功能整合、设施共享”的原则，按“1+21”

图 4-87 林盘改造方式

的配置标准，设置必要的功能；旅游服务功能设置接待、咨询、集散广场、管理服务等功能，建筑面积 150 平方米，公服中心总建筑面积 150 平方米。

依托良好的生态环境构建乡土化的村落景观体系。在村落外围，依托湿地、田园的尺度与进深，着重塑造村落东西两侧边界界面，提升空间形象品质。在村落内部，依托主要游览步道，构建由生态田园至中心景观节点点，再向生态院落延伸的轴线，串联湿地生态、文化印迹等村落特色风貌，形成系统景观轴线。

（3）发挥优势，创立品牌，培育文化旅游产品

提升后的合乐林盘形象焕然一新，强化延伸以慢生活为主题的深度体验精品乡村旅游产品序列，引导有意识、有能力的村民开展自主创业；同时借势宣传，吸纳社会资金的投入。

林盘通过与周边产业、配套等资源的协调互补，错位发展，打造田村一体，农旅结合，紧密联动的乡村休闲产业体系，构建“湿地菜园、合乐食府、乐活院子、民俗水街”四大特色产业品牌。湿地菜园：以湿地生态为背景构建的创意农业产业园和景观农业产业园，承接湿地田园观光、田园休闲与农业体验等旅游产品的空间载体。合乐食府：以现状张家扁广场为核心，构建以生态美食体验为主题的餐饮区域，带动周边 10 ~ 15 户农民经营餐饮服务业。乐活院子：以“慢养乐活”为主题的休闲院落，承接乡村休闲娱乐、民俗体验、文化体验、传统技艺体验等业态。以庵子广场—杨家扁入口旅游主线来串联 7 个组团，带

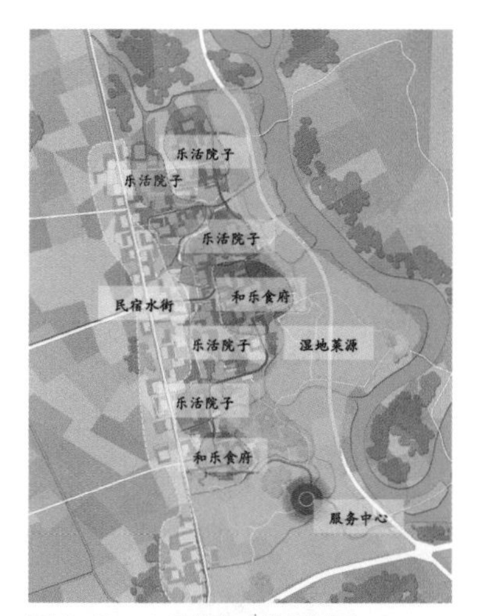

图 4-88　合乐林盘功能规划图

图 4-89　典型院落改造效果图

动 30 ~ 50 户农民经营休闲娱乐服务业。民俗水街：沿二斗渠水面打造水街，沿三积路串联两侧院落，形成以生态民宿、乡村休闲度假、养生民宿等度假产业。带动周边 20 ~ 40 户农民发展乡村休闲民宿服务业（图 4-88，图 4-89）。

随着全面的政策引导，传统的川西林盘正翻开它全新的发展篇章。开展林盘综合整治，通过产业带动、植入功能、保护原乡文化、完善村落设施等，促使村落转型升级，实现城乡共同繁荣发展，促就农民生活水平提高。

4.5 彰显川西文化内涵的田园建筑

成都田园建筑依水而建、傍林而居，镌刻着川西地区耕读传家的文化烙印。通过深入挖掘川西民居文化内涵，注重村落形态和文态的有机协调，结合乡村功能的完善与提升，成都田园建筑创新设计理念与手法，使传统与现代有机融合，塑造了具有川西田园风光的特色乡村风貌。田园建筑包括民居、乡村酒店、公共建筑等类型。

4.5.1 民居

民居建筑多以两层为主，局部三层。平面布局多为对外封闭而向内开敞，以保证居住的安全和私密性。建筑空间组织通过建筑形体和林盘院落的相互搭配，提升院落建筑的品质感，体现川西林盘韵味。

案例：邛崃市夹关镇周河扁聚居点“沫江山居”

图 4-90 “沫江山居”平面图

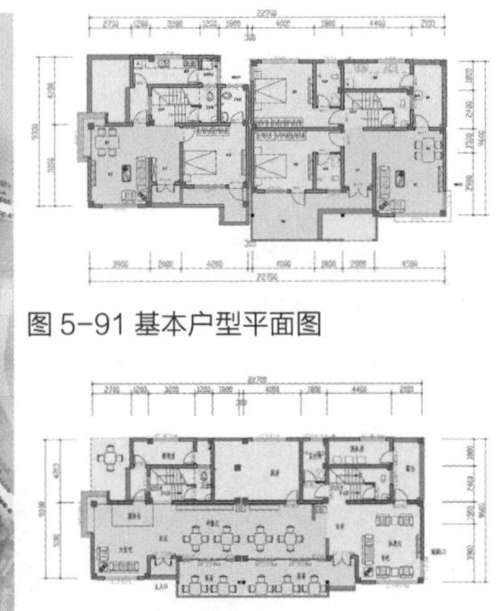

图 5-91 基本户型平面图

图 4-92 功能改造后户型平面图

图 4-93 “沫江山居”照片

“沫江山居”位于夹关镇区西侧，距镇区中心约 1.5 公里，距天台山景区约 6 公里，交通便利、地理位置优越。选址背山面水，与白沫江相邻，生态环境十分优美，已成为新农村建设的民居典范（图 4-90 ~ 图 4-92）。

建筑布局充分利用自然环境优势，尊重和保护生态本底，结合地形适量进行建设。通过舒展的空间布局、檐廊、露台等灰空间，实现景观融合。采用主卧室、起居室等空间前置，次要房间后置的做法使主要房间充分享受最美的自然风光，提高环境利用率和融合度。

在民居单体建筑设计中，进行了户型结构与空间组合的创新，在满足居民日常居住品质要求的基础上，考虑了未来建筑与产业结合的可能。房屋采用框架结构，考虑未来房屋空间多功能的使用需求，为两户拼接预留空间变化的可能性。实现了新农村民居建筑功能的复合化，真正达到安居乐业（图 4-93）。

4.5.2 公共建筑

针对当地居民、旅游者等不同服务人群需求，提供公共活动场所，以乡土、自然、生态、国际化等理念为切入点，运用本土建材建设具有人文情怀、国际化体验、与自然融为一体的新式公共建筑。

案例：蒲江县甘溪镇文化站

蒲江县甘溪镇文化站位于四川省成都市蒲江县甘溪镇 318 国道旁，于 2015 年依托灾后重建和特色镇建设，聘请美国 PURE 建筑师事务所进行方案设计，花费两年时间，投资 450 万元，占地面积 4300 平方米，建筑面积 990 平方米，

图 4-94 蒲江县甘溪镇文化站鸟瞰图

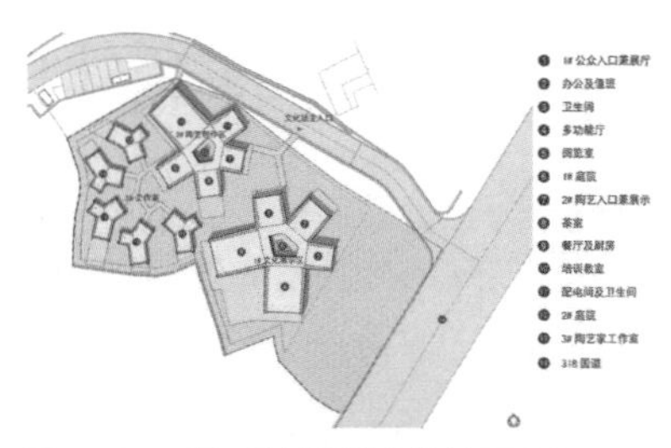

图 4-95 蒲江县甘溪镇文化站平面图

图 4-96 蒲江县甘溪镇文化站效果图

图 4-97 蒲江县甘溪镇文化站照片

于当年 11 月正式启用。该项目入选住房城乡建设部公布的第二批田园建筑优秀实例名单（图 4-94）。

场地周边农田茶林围绕，竹篱瓦舍、阡陌交错。平面布局上，以文化展示、陶艺交流、陶艺家工作室为主体功能空间。同时衍生出众多细部空间，“三五成群、共享庭院”，“八九成簇、各享一景”。建筑外墙采用当地河滩石，运用传统工艺砌筑。屋顶混凝土板以原始的质感肌理，为其下空间遮风避雨。通透的折叠式玻璃门是室内外交流的唯一界面，根据功能可灵活的选择开启和关闭（图 4-95，图 4-96）。

建筑如花瓣洒落在乡间田地，寓意为“散落田间的花瓣”，与自然融为一体。“大花瓣”配备乡镇文化站主体功能和明月国际陶艺村游客中心，其余“花瓣”便配置陶艺展示、艺术家画作展厅、“3+2”读书荟和电子阅览室等，承担陶艺博览、文化交流的职能（图 4-97）。

附录 相关文件目录

1. 成都市城乡规划委员会工作章程（成府发 [2008]47 号）
2. 关于进一步改革全市城乡规划管理体制的意见（成委发 [2007]44 号）
3. 关于进一步加强城乡规划工作的意见（成委发 [2006]60 号）
4. 成都市乡村规划师制度实施方案（成府发 [2010]37 号）
5. 关于进一步完善全市城乡规划工作体制和机制的意见（成府发 [2010]25 号）
6. “世界现代田园城市”规划建设导则 . 成都市规划管理局、成都市规划设计研究院，2010.
7. 成都市社会主义新农村规划建设技术导则 . 成都市规划管理局、成都市规划设计研究院，2010.
8. 成都市城镇及村庄管理技术规定 . 成都市规划管理局、成都市规划设计研究院，2015.
9. 成都市镇（乡）村庄规划技术导则 . 成都市规划管理局、成都市规划设计研究院，2010.
10. 成都市乡村环境规划控制技术导则 . 成都市规划管理局、成都市规划设计研究院，2010.
11. 成都市特色镇规划建设技术导则 . 成都市规划管理局、成都市规划设计研究院，2013.
12. 成都市乡（镇）两规合一规划编制技术导则 . 成都市规划管理局、成都市规划设计研究院，2013.
13. 成都市农村新型社区“小、组、微、生”规划技术导则 . 成都市规划管理局、成都市规划设计研究院，2015.
14. 成都市镇村“成片连线”规划技术导则 . 成都市规划管理局、成都市规划设计研究院，2016.

参考文献

[1] 中华人民共和国城乡规划法（自 2008 年 1 月 1 日起施行）.

[2] 村庄和集镇规划建设管理条例（自 1993 年 11 月 1 日起施行）.

[3] 仇保兴 . 统筹城乡发展的若干问题 [J]. 城乡建设，2008，11:19-20.

[4] 李兵弟 . 城乡统筹规划：制度构建与政策思考 [J]. 城市规划，2010,12.

[5] 中国城市科学研究会，住房和城乡建设部村镇建设司编 . 中国小城镇和村庄建设发展报告 2008[M]. 北京：中国城市出版社，2009.

[6] 郭建军 . 我国城乡统筹发展的现状、问题和政策建议 [J]. 经济研究参考，2007，1:24-44.

[7] 张泉，王晖，陈浩东，陈小卉，陈闽齐 . 城乡统筹下的乡村重构 [M]. 北京：中国建筑工业出版社，2006.

[8] 胡滨，薛晖，曾九利，何旻 . 成都城乡统筹规划编制的理念、实践及经验启示 [J]. 规划师，2009，8:26-30.

[9] 陈映，沙治慧 . 成渝实验区统筹城乡综合配套改革新进展 [J]. 城市发展研究，2009，16（1）:37-44.

[10] 徐元明 . "新土改" 视角下的城乡统筹与农民土地权益保障 [J]. 现代城市研究，2009，2:20-23.

[11] 邓毛颖 . 基于城乡统筹的村庄规划建设管理实践与探讨 [J]. 小城镇建设，2010，7:21-27.

[12] 刘锡良，齐稚平 . 城乡统筹视野的城市金融与农村金融对接：成都个案 [J]. 改革，2010，2:42-49.

[13] 杨保军 . 从实践中探索城乡统筹规划之路 [J]. 中国建设信息，2009，7:17-20.

[14] 钱紫华等 . 东西部地区城乡统筹规划模式思辨 [J]. 城市发展研究，2009，16（3）:3-4.

[15] 成受明等 . 城乡统筹规划研究 [J]. 现代城市研究，2005，7:50.

[16] 赵英丽 . 城乡统筹规划的理论基础与内容分析 [J]. 城市规划学刊，2006，161（1）:33-35.

[17] 张俊卫 . 城乡统筹发展的 "2+8" 研究模式 [J]. 规划师，2010，10（24）:5-6.

[18] 付崇兰主编 . 城乡统筹发展研究 [M]. 北京：新华出版社，2005.

[19] 四川大学成都科学发展研究院，中共成都市委统筹城乡工作委员会 . 成都统筹城乡发展年度报告（2009）.2009.

[20] 成都市规划设计研究院 . "成新蒲" 都市现代农业示范带建设总体规划 .2009.

[21] 成都市规划设计研究院．“4·20”邛崃西部单元统筹规划 .2014.

[22] 四川省明杰设计顾问有限公司．永商镇九莲·宝桥·商隆美丽新村“成片连线”实施规划 .2009.

[23] 四川省明杰设计顾问有限公司．邛崃市天台山镇青杠岭新村安置点

[24] 成都市规划设计研究院．蒲江县寿安镇总体规划 .2009.

[25] 成都市规划设计研究院．崇州市街子镇总体规划 .2009.

[26] 四川省嘉绘规划设计有限责任公司．蒲江县甘溪镇明月村村庄规划 .2014.

[27] 成都市规划设计研究院．金堂县赵家镇平水桥村规划 .2013.

[28] 成都市规划设计研究院．四川三众建筑设计有限公司．邛崃市高何镇寇家湾规划 .2013.

[29] 观晟设计．郫县三道堰镇青杠树村聚居点设计 .2013.

[30] 中瀚设计．大邑县苏家镇香林村规划设计 .2012.

[31] 观晟设计．崇州市白头镇合乐林盘规划 .2009.

后记

在新常态下，城镇化的发展逐渐进入了以质的提升为核心的阶段，关注人的城镇化，强调城乡的共融与一体化发展。城乡统筹为成都的乡村发展奠定了良好的基础，但随着市场化的发展，以及土地政策的不断优化完善，城乡要素流动将更加高效。城乡的功能耦合关系，生态依存关系将更加紧密。未来的成都地区乡村的发展将逐渐走向生态化、精细化。乡村的产业将逐渐进入多元化、规模化、文化性发展阶段，设施配套将从基本的生活需求扩展到旅游度假、文化体验的多元需求。生态环境将逐渐得到改善，基层治理组织将日趋成熟，市场发展将更加充分，以深厚的农耕文化积淀，绘出一幅业兴、家富、人和、村美的田园画卷。

致谢

本书的编著历时两年，由衷感谢期间多位专家的指导和建言。感谢城乡规划实施学术委员会的叶裕民教授和李锦生厅长，从立项开始，两位老师就对题目、框架和内容进行了长期的指导，并多次亲临成都参与讨论。感谢本书顾问团队赵炜、耿红、何兵、李鸽对本书编写过程中的悉心指导。感谢西南交大陈蛟博士在本书编写过程中提出的建设性建议。

感谢成都市规划管理局领导以及乡村处的大力支持，帮助提供大量的规范、文件、数据，帮助协调与相关人员的访谈沟通工作等。感谢成都地区参与到乡村规划建设一线的管理部门和设计单位，这是成都在多年实战中培养出的乡村规划建设坚实队伍，感谢他们为本书的编写提供了优质的案例与务实的实践经验。感谢蒲江、邛崃、新津等各区县规划管理局的大力支持，帮助编写组深入一线调研访谈并提供了宝贵的建议。

感谢成都所有的乡村规划师，大家的平时积累的工作素材为本书的编写提供了第一手的资料，微信群的工作交流为本书的编写内容提供了非常有益的启发。

感谢成都市城建档案馆专业拍摄人员提供的优质图片。感谢中国建筑工业出版社的编辑们，为审校工作付出了很多心血，正是她们的努力才使本书得以及时出版。

本书的编写还有很多不尽完善的地方，还请读者海涵，其内容的思考深度还远远不够，仅仅作为成都在乡村规划与建设中的阶段性思考。这些总结和思考，希望能够为全国其他地区提供一些启发。我们将再接再厉，在振兴乡村的背景下，继续探索乡村发展的成都方案。再次感谢为本书的编写和出版提供过帮助的所有人员及单位！

主要编写人员介绍

张　瑛　成都市规划管理局局长，硕士
张　佳　成都市规划管理局副局长，硕士
曾九利　成都市规划设计研究院院长，硕士
张　毅　成都市规划设计研究院副所长，硕士
徐勤怀　成都市规划设计研究院规划三所，主任规划师
刘　洋　成都市规划设计研究院规划三所，主创规划师
张婉嫕　成都市规划编制研究中心，博士
周逸影　成都市规划设计研究院规划三所，主创规划师
朱直君　成都市规划设计研究院所长，硕士
刘美宏　成都市规划设计研究院规划三所，主创规划师
李华宇　成都市规划设计研究院规划三所，主创规划师
张　薇　成都市规划设计研究院规划三所，规划师
张　春　成都市邛崃规划管理局 总规划师
张　睿　成都市邛崃市冉义镇乡村规划师
李玉霞　成都市郫都区团结镇乡村规划师